建筑动画与特效火星课堂

环境景观篇

Vue

■ 杨晨 编著

U0306067

人民邮电出版社

北 京

图书在版编目（CIP）数据

建筑动画与特效火星课堂. Vue环境景观篇 / 杨晨编
著. -- 北京 : 人民邮电出版社，2012.10
ISBN 978-7-115-29213-1

Ⅰ. ①建… Ⅱ. ①杨… Ⅲ. ①建筑设计－计算机辅助
设计－三维动画软件－教材 Ⅳ. ①TU201.4

中国版本图书馆CIP数据核字(2012)第198388号

内 容 提 要

　　本书是《建筑动画与特效火星课堂》系列教材之一，主要讲解 Vue 环境景观制作软件的应用，包括植物、天空、云、雾、海、沙地、阳光、岩石、山脉等各种自然环境的制作。全书配备了详细的文字讲解和视频教学，安排了 17 个实际应用案例，内容涉及建筑景观设计、动画设计、影视场景设计等多个领域，通过阅读本书可以了解 Vue 软件的软件技术、使用方法和创作流程，使读者学习后能够制作出优秀的三维自然场景和环境景观动画。

　　本教材适合于学习和使用 Vue 软件的读者，如从事建筑设计、建筑可视化表现、影视动画设计和虚拟现实制作的专业人员或三维动画制作的爱好者。

建筑动画与特效火星课堂·Vue 环境景观篇

◆ 编　著　杨　晨
　　责任编辑　郭发明
　　执行编辑　何建国

◆ 人民邮电出版社出版发行　　北京市崇文区夕照寺街 14 号
　　邮编　100061　　电子邮件　315@ptpress.com.cn
　　网址　http://www.ptpress.com.cn
　　北京盛通印刷股份有限公司印刷

◆ 开本：787×1092　1/16
　　印张：20　　　　　　　　　　　彩插：12
　　字数：618 千字　　　　　　　　2012 年 10 月第 1 版
　　印数：1 – 4 000 册　　　　　　 2012 年 10 月北京第 1 次印刷

ISBN 978-7-115-29213-1

定价：98.00 元（附 1DVD）
读者服务热线：**(010)67132692**　印装质量热线：**(010)67129223**
反盗版热线：**(010)67171154**
广告经营许可证：京崇工商广字第 0021 号

建筑动画与特效火星课堂
Vue环境景观篇

HXSD201208-133

丛书编委会

Editor-in-Chief 总编	王　琦	Wang Qi
Chief-Editor 主编	王文刚	Wang Wengang
Executive Editor 执行主编	白　露	Bai Lu
Editor 文稿编辑	董　超	Dong Chao
Cover Design 封面设计	张　伟	Zhang Wei
Multimedia Editor 多媒体编辑	贾培莹	Jia Peiying
Internet Marketing 网络推广	杨垚楠	Yang Yaonan

作者序

《阿凡达》的上映让所有的观众都品尝了一次视觉的盛宴，最让人叹为观止的就是其中梦幻般的场景。人类刚抵达潘多拉星球时，鸟瞰云雾缭绕的森林，深夜里杰克漫步在发光的丛林中，以及飘浮在空中的哈利路亚山……这些自然景观无不让人记忆犹新。所有的这些场景，大部分都是由Vue这款软件来实现的。因此，随着《阿凡达》的上映，Vue立即成为影视制作行业的新宠。越来越多的影视制作公司开始使用它来实现设计者脑中海阔天空的各种场景。

Vue现在已经成为所有艺术家和设计师们首选的自然景观制作软件，它能真实、高效、方便地表现出我们所需要的种种非人为景观。例如，山地、河流、海洋、天空、云彩、海底、丛林等，还能生成一些带有特殊效果的景观，例如宇宙星空、彩虹、岩浆等。同时Vue还提供了制作景观的全新思路，以及动画中全模渲染的解决方案。

Vue在它的早期版本时期并不被太多的人所关注，原因就是当时的它只是单单作为一款独立软件出现，叫做Vue Infinite系列，与其他主流的三维软件结合起来较为麻烦。但随着Vue XStream系列的面市，该软件已经和其他主流三维软件（3ds Max，Maya，XSI，C4D）绑定了一套完美的接口，从而使它与多款软件的结合无缝化。而最新Vue 10.0版本的上市，让Vue支持了Vray渲染器，这就意味者，Vue会成为建筑浏览行业中的主流力量。

本人在学习和使用Vue的过程中，对于其中各个模块的研究极为困难，因为该软件在市面上几乎没有成体系的资料和教程，都是依靠使用中不断的测试、总结，以及翻译官方帮助文件后得到的成果。因此我决定将我的研究成果毫无保留地分享出来，制作成一本Vue教学丛书。书中尽可能包含各种视觉效果的实践案例，而并非简单的知识点讲解。希望读者通过这本书的学习，能够对Vue软件的使用有一个质的提升。

编写本书的目的主要是为了有一定主流软件（如3ds Max，Maya）基础的中级用户群体，希望他们能快速掌握Vue的使用方法，其内容既包含了大部分的基础知识点，又囊括了几乎所有特征的景观制作。这本书既适合作为Vue自学的基础用书，也可以作为制作中查询技术和知识点的工具书。希望大家能通过本书的学习，喜欢上Vue这款软件，喜欢上这艺术的世界。

最后，感谢我的领导、老师、同事们，以及我的父母和妻子，他们是我在编写这本书的时候默默支持、帮助我的后盾。没有他们，这本书也不能顺利完成。谢谢大家。

杨晨

2012年8月

VIDEO-CONTENTS

视频导读

本书附带1张DVD9多媒体教学光盘，盘中包括书中全部案例的详细视频教学及书中全部案例的工程文件、素材文件。

双击光盘根目录下的index.html文件，即可打开多媒体教学界面，如下图所示。

本教材视频教学分为"基础知识"和"案例教学"两部分内容。单击相应图式区，即可打开视频详细目录。

观看视频

打开视频教学。本书的视频教学以网页的形式提供给大家，方便学习与查询。为了观看视频方便，可以将光盘内容复制到电脑硬盘中进行学习，这样可以减少对光驱的磨损，同时防止光盘遗失后对学习造成影响。

如果无法查看多媒体界面，请检查是否安装Internet Explorer 9.0以上版本的网页浏览器，如果无法打开视频链接，请尝试更换其他浏览器。如使用傲游3.0浏览器，需要切换浏览模式为兼容模式即可正常播放观看。

如遇播放视频提示错误，请安装最新版暴风影音播放器进行播放。

本册图书与光盘紧密结合。以图书为主线、光盘为辅的方式进行学习，在学习本书的过程中有什么疑惑，可以打开光盘观看相关章节的视频教学；如果问题仍不能解决，可单击"在线答疑"按钮（在计算机连接网络的状态下），直接进入火星时代网站，登录论坛，将有老师及热心朋友为您答疑解惑。

打开"基础知识"和"案例应用"部分的视频目录后，可以看到相应的章节名称、视频编号。单击编号名称即可打开教学视频，如下图所示（播放教学视频的播放器由本机决定，下图仅供参考）。

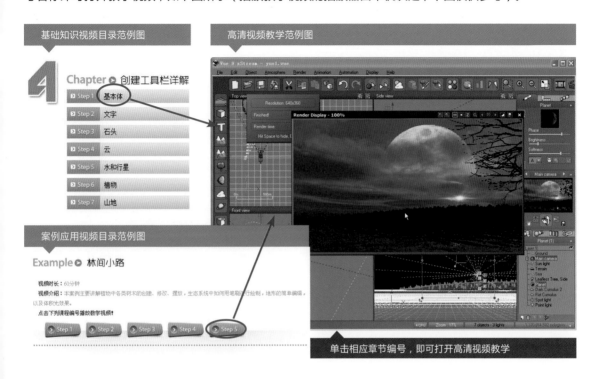

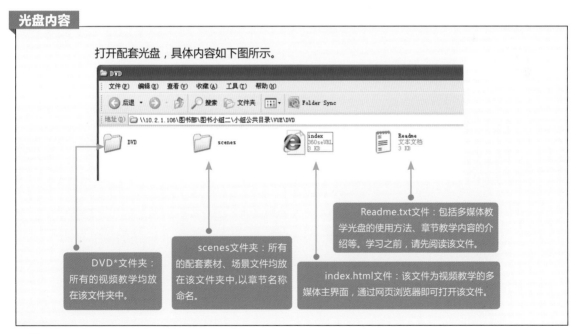

声 明

本书所有的源文件及素材出自实际项目案例或者老师整理制作的案例，仅限于读者学习使用，不得用于商业及其他盈利用途，违者必究！读者可以通过火星时代网站www.hxsd.com的论坛或者电话获得相应的技术支持，也欢迎读者和我们一起讨论相关的技术问题，包括应用软件本身的使用技法。

VIDEO-CONTENTS

视频目录

第一部分 基础知识

VIDEO-CONTENTS

视频目录

VIDEO-CONTENTS

视频目录

第二部分 案例应用 ▶

Example ▶ 倔强生长

视频时长： *37分*

视频介绍： 通过本案例的制作主要讲解混合材质、置换，以及
生态系统的使用方法；在案例中还会涉及简单的大
气编辑器、体积云，以及灯光的使用方法。

Example ▶ 夕阳余晖

视频时长： *33分*

视频介绍： 本案例主要讲解大气编辑器的使用方法，其中包括
光影、体积云、天空、雾和薄雾的应用，以及镜头
光晕和光斑的表现方法。

Example ▶ 乱石嶙峋

视频时长： *36分*

视频介绍： 通过本案例的制作主要讲解石头的布尔运算、石头
的置换，以及混合材质实战应用。

Example ▶ *繁花似锦*

视频时长： *48分*

视频介绍： 本案例主要讲解花与草的手动摆放，利用生态系统的笔刷绘制添加植物，同时还在案例中涉及到河水流动状态的调节方法。

Example ▶ *林间小路*

视频时长： *60分*

视频介绍： 本案例主要讲解植物中各类树木的创建、修改、摆放，生态系统中如何用笔刷进行绘制，地形的简单编辑，以及体积光效果。

Example ▶ *幽静月夜*

视频时长： *36分*

视频介绍： 本案例主要讲解如何用大气编辑器里的光谱模式表现出夜晚的效果，为了达到理想的效果，需要对光影、天空、雾和薄雾等参数进行非常规的调节。

Example ▶ *椰风海韵*

视频时长： *51分*

视频介绍： 通过本案例的制作主要讲解如何用混合材质根据海拔高度确定材质变化；同时还在案例中涉及到石头材质和海水材质的调节方法。

Example ▶ *穿云夺雾*

视频时长： *28分*

视频介绍： 本案例主要讲解体积云层的动画效果，以及如何表现出位于云层之上观看云海的效果。

Example ▶ *风吹草动*

视频时长： *71分*

视频介绍： 本案例是一个综合案例，涉及的知识点有山地、树木、花草、天空、阳光，以及镜头光晕的制作与调节技巧。

Example ▶ *祥和小镇*

视频时长： *87分*

视频介绍： 本案例是一个结合人为建筑的综合案例，主要讲解如何利用以前学过的知识点表现出特殊气氛的景观。

Example ▶ *湖边红亭*

视频时长： *76分*

视频介绍： 本案例是一个结合3ds Max软件的综合案例，主要讲解与主流三维软件结合使用的制作流程。

Example ▶ *三潭映月*

视频时长： *66分*

视频介绍： 本例配合3ds Max中的模型与材质技术，主要讲解晚霞的表现，以及体积雾的表现与灯光的调节，表现我国杭州西湖的名胜"三潭映月"的神秘景象。

Example ▶ *函数山地模型*

视频时长： *75分*

视频介绍： 本案例首次将函数编辑器的各类节点应用到创建山地模型的实战中，深入地剖析每个节点在实际应用中的意义及使用方法。

Example ▶ 函数山地材质

视频时长： *69分*

视频介绍： 本案例首次将函数编辑器的各类节点应用到材质制
作的实战中，深入地剖析每个节点在实际应用中的
意义及使用方法。

Example ▶ 深海探秘

视频时长： *34分*

视频介绍： 本案例主要讲解海底环境的表现效果，知识点包括
海底植物的创建，函数编辑器的使用，海底材质的
表现，大气编辑器的应用，以及体积光和Gel等参
数的调节方法。

Example ▶ 阿凡达的世界

视频时长： *75分*

视频介绍： 本案例是一个函数编辑器的综合运用案例，利用所
学的知识，模拟电影《阿凡达》场景中云雾缭绕的
哈利路亚山效果。

Example ▶ 雪山气魄

视频时长： *61分*

视频介绍： 本案例主要表现雪山场景，讲解如何利用函数节点
实现雪山的山地地形和材质，同时还训练了水面、
大气效果、生态系统等模块的运用技巧。

目录 -CONTENTS

• PART ONE 基础知识

第1课 软件介绍

第2课 创建对象

第6课 材质编辑器

第7课 节点编辑器

第8课 动画

• PART TWO 案例应用

• 本书部分精彩案例

PART ONE
基础知识

01 软件介绍

1.1 软件介绍

相信看过《阿凡达》的读者一定都被潘多拉星球的美景所震撼，影片中大部分的生态环境都要得益于Vue软件强大的制作功能，如图1.001所示。该软件最新的版本为Vue 10.0，随着软件版本的不断升级，也增加了更多的强悍功能。而且一直以来，Vue的生态系统和体积云对机器的硬件要求都比较高，所以如果要自如地使用该软件，需要读者的机器配

图1.001

置较高，否则创作的激情就要被无限的等待而拖垮哦！

除了《阿凡达》之外，Vue还在很多的电影中崭露头角，比如说《2012》。下面这幅图读者一定不陌生，这就是电影《2012》中飞机逃离灾难的画面。当然还有《赤壁》和《斯巴达克斯》等中外影视剧中，都有Vue制作的环境镜头，如图1.002所示。

左：美剧《斯巴达克斯》

右上：灾难电影《2012》

右下：国产影片《赤壁》

图1.002

建议读者在学习本书的时候，一定要循序渐进，要结合本书理论知识及配套光盘中提供的基础视频教学，先了解和熟悉软件，然后再进入本书后面的实际案例制作章节，直接跳过前面的基础学习会让你的学习效率事倍功半哦。当然，有基础的读者就可以直接进入后面的实际案例制作部分。

► ► ► **注释信息**

我们在刚开始学习Vue的时候，一定要多加练习，这样才能在制作复杂场景的时候游刃有余。

　　Vue与其他软件一样，需要大量的内存来作为制作作品的保证，并且需要高速的CPU来完成作品的测试渲染和最终成品渲染工作，尤其是渲染动画的环节，如果内存数量不足，可能会导致用户在使用Vue的时候系统无故崩溃，而如果CPU速度太慢，会使渲染作品的时间很长。

　　当然，Vue软件在创作过程中也有一些提速技巧，这些使用技巧在软件基础介绍部分之后，讲解具体案例时为读者介绍。

　　Vue这款软件实际上被国人认知是在其Vue 5.0版本之后，到了Vue 7.0版本，做CG的人应该耳熟能详了。图1.003所示是该软件的官方网站，读者有时间可以进去"逛逛"。官方网址为http://www.e-onsoftware.com/。

　　官网中有该软件的Gallery［作品库］，建议读者去感受一下，如图1.004所示。

图1.003　　　　　　　　　　　　　　　图1.004

1.2　Vue和三维软件接口

　　在Vue 9.0版本之后，该款软件针对各大三维软件都开发了接口程序，也就是以插件的形式植入到其他主流3D软件中，如图1.005所示。这样在其他三维软件中调用Vue场景就变得简单多了。

图1.005

　　Vue支持的主流三维软件的协作关系，如图1.006所示，本书主要探讨Vue与3ds Max之间的结合操作。

　　在保证本机中正确安装了Vue9以上版本，并且安装了3ds Max 2010以上版本之后，启动3ds Max，在菜单中会出现Vue10 xStream。只要执行该菜单中的相应命令，系统都会自动启动Vue主程序。关于两款软件之间的互导，读者可以参看本书配套光盘中提供的相关视频教学，如图1.007所示。

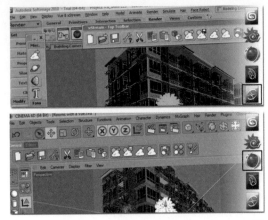

图1.006

图1.007

1.3 界面概述

1.3.1 界面布局

　　启动Vue 10.0之后，界面元素的分布如图1.008所示，请读者仔细观察每个数字对应的模块。

图1.008

　　1．3D视图；

　　2．在视图中显示为红色的是被选择对象；

　　3．缩放手柄；

　　4．旋转手柄；

　　5．按钮右下角有三角形图标意味着该图标位置还包含有未展开图标； 　　6．当前状态下不可用图标；

　　7．按钮右下角有正方形图标意味着该图标用鼠标左键和右键点击作用不同；

　　8．物体属性面板； 　　9．当前选择物体材质；

　　10．摄影机控制中心； 　　11．世界浏览器；

　　12．当前选择对象高亮显示； 　　13．摄影机视图；

　　14．状态栏。

1.3.2　自定义界面

第一次启动Vue时，系统会自动弹出一个对话框，引导用户设置程序的界面和快捷键。当然，用户也可以执行File＞Options［文件＞选项］菜单命令，单击对话框里的Load interface preset［载入预置界面］按钮来加载系统为用户提供的各种界面，如图1.009所示。

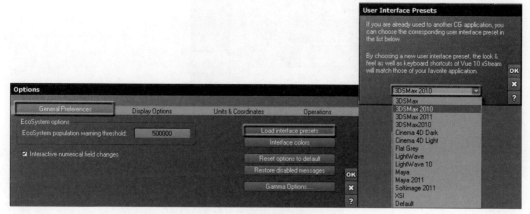

图1.009

1.3.3　双重和多重图标

工具栏上有一些特殊图标，右下角有一个向下的小箭头，用鼠标左键和右键单击的结果会不一样，如 undo［撤销操作］按钮，左键单击是撤销上一步的操作；右键单击会弹出撤销操作列表，如图1.010（上）所示。

界面左侧的创建工具栏中的某些图标，右下角有一个向右的小箭头。按住鼠标左键，直至该图标变为替代图标。图1.010（下）所示的Water［水面］图标，用鼠标左键单击一下，会创建默认图标对应的水面；如果按住鼠标左键不放，会继续弹出3个按钮，分别是水面、地平面和云层；按住鼠标左键放到任意一个图标上，就可以创建相应的项目。

1.3.4　视图操作

1. 单击任意视图，视图边框变成蓝色激活状态，表示该视图为当前激活（或活动）视图，注意下图边缘的蓝框，如图1.011所示。

← 撤销操作列表

← Water［水面］图标

图1.010

图1.011

2. 按下键盘F7快捷键，可以实现最大化单视图和四视图的切换。当然，单击界面顶部工具栏中的 Toggle Current View/Four Views［单/四视图切换］图标，也可以实现视图的切换。

3. 关于Vue的视图操作，在正视图中，按住鼠标右键可以平移视图。

• 如果按住Ctrl键，再配合鼠标右键，可以实时缩放视图。

• 如果按住Ctrl键，再滚动鼠标中键滚轮，可以按比例缩放视图。

4．Vue提供了类似于3ds Max软件中的专家模式，只要按下键盘快捷键Alt+Enter，就可以直接切换到专家模式，在该模式下，视图会变得更大，再次按下此快捷键Alt+Enter，即可恢复，如图1.012所示。

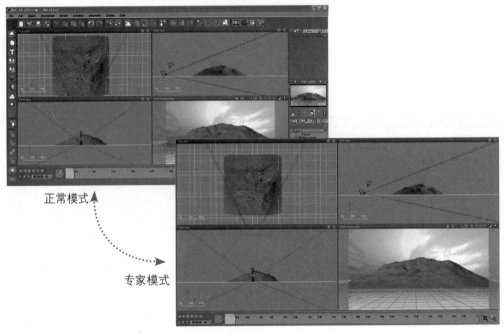

正常模式

专家模式

图1.012

1.3.5　主工具栏

在主工具栏中放置了各种操作控制方式和场景管理工具，自左向右分别如下。

：新建、打开、保存、创建快照。

：剪切、复制、粘贴、阵列。

：撤销、重做。

：宏录制、宏播放。

：编辑/载入大气、编辑对象、绘制生态系统、选择生态系统、显示材质摘要。

：通过颜色/类型/材质选择对象、对齐、镜像。

：区域放大、放大、缩小、单/四视图切换。

：显示上次渲染结果、显示时间线/动画向导、区域渲染、渲染/渲染设置。

1.3.6　创建工具栏

创建工具栏中的工具用于生成各种生态系统的对象，如水面、云层、几何体、地形等，如图1.013所示。关于这些按钮的具体使用方法和注意事项，读者也可以参考配套光盘中相应章节的视频教学。

1.3.7　物体属性标签面板

在界面右上角的物体属性标签中包含3个子标签，如图1.014所示，分别是外观标签、数值标签和动画标签。这3个标签中的内容各不相同，下面依次介绍每个标签的主要作用。

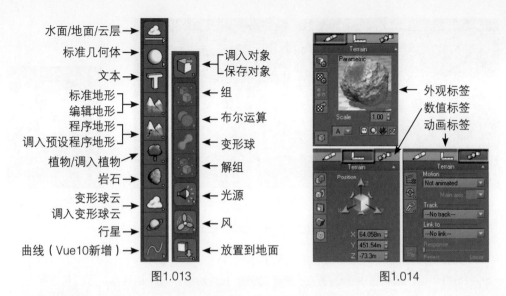

图1.013

图1.014

外观标签
数值标签
动画标签

1. 外观标签

所选对象的类型不同，外貌标签的内容也不同，如图1.015所示。

如果用户没有选择任何对象，或者是选择了两类不同的对象，或者是两个参数完全不同的对象，外貌标签中没有任何显示，如图1.016所示。

选择地形　　　选择阳光

图1.015　　　　　　　　　　　　图1.016

如果用户选择了多个不同的对象，而这些对象的材质也不同，此时，外观标签中默认可用的一些按钮就可能无法使用，它们的材质预览也不可能同时显示，而是逐一显示，如图1.017所示。

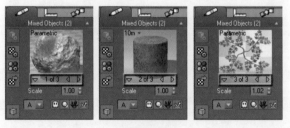

图1.017

预览窗口除了预览对象材质外，双击它还可进入材质编辑器，如图1.018所示。

2. 数值标签

该标签中提供了物体的各类变换属性，如位置、旋转、缩放和扭曲，甚至还可以设置物体的轴心点位置，如图1.019所示。

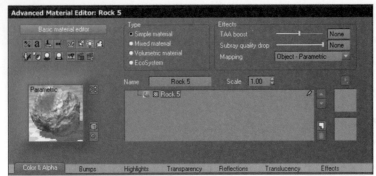

图1.018 图1.019

如图1.020所示，分别是球体沿*x*轴旋转了0°和90°之后的效果。

3. 动画标签

如图1.021所示，该标签中提供了关于物体动画的各类功能，如运动轨迹、跟踪和链接等。

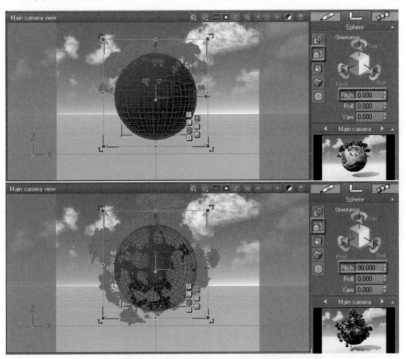

图1.020 图1.021

图1.022所示是将四面体链接到了球体上，所以它会跟随球体而产生运动。

图1.022

1.3.8 摄影机控制中心

如图1.023所示，在该面板中可以预览渲染效果，可以控制摄影机的平移、焦距、推拉和摇移，还可以新建并切换摄影机。

1.3.9 世界浏览器

在界面右侧的最下方，是世界浏览器，该浏览器包含了4个子标签面板，分别是对象子标签面板、材质子标签面板、库子标签面板和链接子标签面板。

1．在对象子标签面板中，可以查看场景中所有的对象，通过对象名称前方的图标来识别不同类型的物体，可以随时编辑对象或组的名称，也可以上下移动它们的位置来重新摆放，还可以把对象拖入或拖出某个组（布尔对象或变形球对象），如图1.024所示。

2．在材质子标签面板中，可以显示场景中所有对象自身的材质，如图1.025所示。这些材质包括单一材质、标准材质、层材质、植物材质、体积材质、生态材质、载入材质、云材质和混合材质等。

图1.023

图1.024

图1.025

3．在库子标签面板中，显示场景中被多次使用过的对象，如图1.026所示。使用该标签，可以同时修改某对象的所有关联副本。复制一个对象后，原对象就是主对象，而新复制出的对象就是主对象的关联副本。

4．在链接子标签面板中，显示场景中所有的链接项目（包括纹理贴图和载入对象），如图1.027所示。

在世界浏览器底部也有一个工具栏，其中包括新建层、删除层、编辑所选择对象、输出所选择对象和节点编辑器，如图1.028所示。

图1.026

图1.027

图1.028

1.3.10 动画时间线面板

如果设置了动画模式，那么在界面的最下方，会出现动画时间线面板。在该面板中，可以为对象制作关键点动画、播放动画、制作动画预览、设置动画渲染选项等。

如果展开时间线面板的全貌，就会看到关键点编辑窗口和曲线设置窗口，在其中可以对关键点进行移动、剪切、复制、粘贴、添加和删除等操作。

在曲线设置窗口中可以设置曲线类型，包括线性、加减速曲线、阶跃曲线等，如图1.029所示。

精简时间线面板

完整时间线面板

图1.029

1.4　提速技巧

我们在本章的前面部分提及到，在本章的最后要介绍一些Vue软件制作的提速技巧，这些技巧都是通过长期实践及和其他使用者交流而得到的宝贵经验，希望读者能仔细体会，在今后的实际制作过程中，使自己的Vue操作起来更加稳定和流畅。

1. 清楚内存

如果在使用Vue时，软件反应突然变得很慢，可以执行File＞Purge Memory［文件＞清除内存］菜单命令，这样可以清除软件系统记忆的内容，也就是清理内存。

2. 视图

尽可能单视图操作或降级显示视图（因Vue的场景普遍偏大，这需要大量的系统资源）。当然，还可以按住每个视图的标题栏的第一个按钮，在弹出的选项菜单中设置资源消耗较少的视图显示模式，如Wireframe［线框］和Smooth Shaded［光滑着色］模式等，如图1.030所示。

Smooth Shaded
光滑着色模式

图1.030

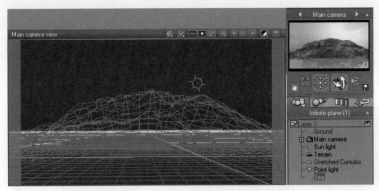

Wireframe
线框模式

图1.030（续）

3. 控制材质生态系统

控制生态材质的密度在合理的范围内，若密度过大，将会导致面数倍增，如图1.031所示。

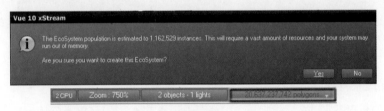

图1.031

4. 布尔和融合运算预览

通常不必开启布尔和融合，即时更新预览，尽量少用或不用布尔/融合对象，如图1.032所示。

5. 预览

Vue提供的即时预览功能，如材质和相机预览等。尽可能采用手动刷新预览，用鼠标右键单击主摄影机预览窗口，在弹出的右键菜单中取消Auto-Update［自动更新］项，如图1.033所示。

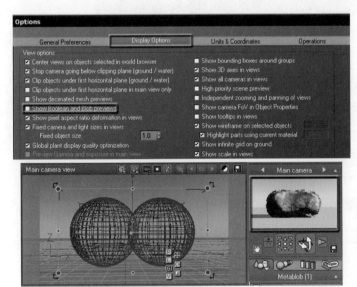

图1.032

图1.033

6. 自动预览场景

在视图里尽可能不启用雾和云彩的预览。执行File＞Option［文件＞选项］菜单命令，在弹出的Options［选项］面板中，取消Display Options［显示选项］选项卡下Preview clouds［预览云彩］的勾选，如图1.034所示。

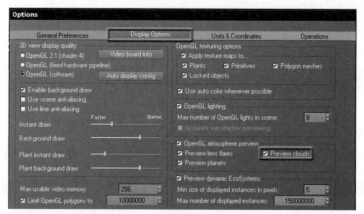

图1.034

7. 多撤销/重做操作

记忆撤销的步骤不宜过多，记忆越多，资源占用量越大。执行File＞Options［文件＞选项］菜单命令，在弹出的Option［选项］面板中，把General Preference［全局首选项］选项卡下的Maximum number of operations that can be undone at any time［最大撤销次数］设置为1，这样在操作过程中只能撤销一次，如图1.035所示。

图1.035

8. 异常崩溃问题

如果发现软件没有任何理由，Vue就异常崩溃时，通常都是兼容模式的问题，如显卡等配件。所以，在实际制作时，要养成定时存盘的好习惯，当然，也可以设置Vue系统定时自动存盘。设置的方法：执行File＞Options［文件＞选项］菜单命令，在弹出的Options［选项］面板中，设置General Preference［全局首选项］选项卡中的Auto-save every［自动存盘每分钟］和Max auto-saves［最大自动存盘文件数］两项，如图1.036所示。

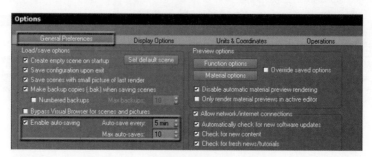

图1.036

默认情况下，Vue可以创建下列对象，它们分别是水面/地面/云层、标准几何体、文本、标准地形、程序地形、植物、岩石、变形球云、行星、曲线（Vue 10.0新增）、外部对象、光源、风、相机等。

2.1　创建标准几何体

通过单击界面左侧创建工具栏中的创建按钮，可以创建各种标准基本体，如球体、圆柱、立方体、锥体、圆锥、圆环、平面和Alpha平面，如图2.001所示。

图2.001

我们首先了解前7种标准基本体，使用鼠标左键单击界面左侧创建工具栏中的相应按钮，就会在场景中地平面的位置创建出对应的标准基本体。这些标准基本体在创建完成之后，只能修改各种变换属性，如移动、旋转和缩放。在视图中双击某对象，不会自动弹出属性面板，只能为它们赋予相应的材质。

接下来，我们讲解一下Alpha平面，用鼠标左键单击创建工具栏中的▮按钮，会自动弹出Alpha Plane Options［Alpha平面选项］面板，在该面板中，可以分别调入两张图片，一张颜色图片和一张不透明度图片，设置好相应的图片后，系统就会在场景中创建一个Alpha平面，如图2.002所示。

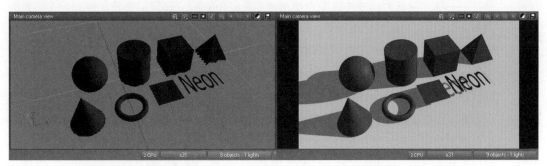

视图中的标准基本体　　　　　　　　　　　　　　渲染后的标准基本体

图2.002

在创建完成Alpha平面之后，只在视图中双击该对象，就会自动弹出［Alpha平面选项］面板，在其中可以重新指定这两张图片，如图2.003所示。

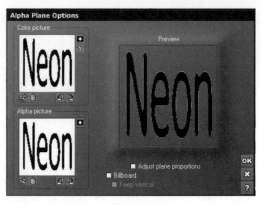

图2.003

2.2 创建水面/地面/云层

通过单击界面左侧创建工具栏中的 [水面/地面/添加云层] 按钮，可以创建水面、地面和云层。

- 水面——使用鼠标左键单击界面左侧的创建工具栏中的 [水面] 按钮，这时会在场景中地平面的位置自动创建一片无限大水面。水面建立完成之后，在视图中双击水面对象，还会自动Water Surface Options [水面选项] 面板，在该面板中可以继续编辑修改水面对象，包括水面的海拔高度、海浪、泡沫和海底焦散等，如图2.004所示。

水面渲染效果

水面控制参数和材质

图2.004

- 地面——使用鼠标左键单击界面左侧创建工具栏中的 [地面] 按钮，这时会在场景中海拔为0的位置自动创建地平面。地平面建立完成之后，除了材质之外，没有任何参数可调节。在视图中双击地平面，也不会弹出任何参数设置面板。
- 云层——使用鼠标左键单击界面左侧创建工具栏中的 [添加云层] 按钮，这时会自动弹出Please select a material [选择一种材质] 面板，在该面板中，可以为云层赋予材质，实际上就是选择一种系统调节好的云层放置在天空中，如图2.005（a）所示。在选择了云层的材质之后，紧接着会自动弹出Atmosphere Editor [大气编辑器] 面板，在其中可以设置云层的一些固有属性，如云层的海拔、厚度、密度、覆盖率、不透明度、尖锐程度、羽化、海拔变化等参数。云层建立完成之后，在世界浏览器中双击云层项目，还会自动弹出Atmosphere Editor [大气编辑器] 面板，在该面板中可以继续修改上面提到过的云层固有参数，如图2.005（b）所示。

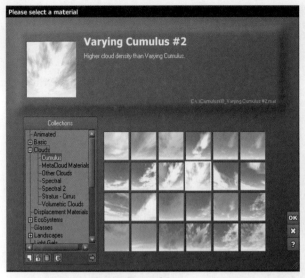

云的视图效果

云调入面板 云的渲染效果

图2.005（a）

2.3 创建文本

用鼠标左键单击界面左侧创建工具栏中的 **T** ［文本］按钮，会自动弹出Text Editor ［文本编辑器］面板，如图2.006所示，在其中可以设置文字的内容、字体、字号、倒角、挤出和材质参数。

文本建立完成之后，在视图中双击文本对象，还会自动弹出Text Editor ［文本编辑器］面板，在该面板中可以继续编辑修改文本对象。其实，文本也是一种二维文字挤压成形的特殊多边形。可以对其进行移动、缩放、旋转、扭曲和分配材质等常规操作。

2.4 标准地形

用鼠标左键单击界面左侧创建工具栏

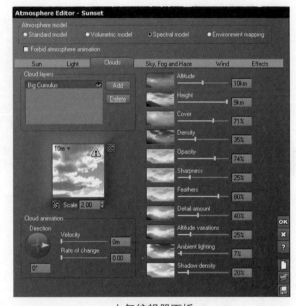

大气编辑器面板

图2.005（b）

中的 ［地形］按钮，就可以在场景中创建一个标准地形。如果鼠标右键单击该按钮，会自动弹出 New Terrain Options ［新建地形选项］面板，在其中可设置新建标准地形所需贴图的尺寸等项目，如图2.007所示。

标准地形建立完成之后，在视图中双击标准地形模型，会自动弹出Terrain Editor ［地形编辑器］面板，在该面板中可以编辑修改标准地形对象，该面板是Vue中比较复杂的修改面板之一，在其中可以修改很多的项目，如各种绘制地形的笔触、各种特殊的自然界侵蚀效果等项目都可以设置，如图2.008所示。

当然，这种地形与程序地形相比，它是由系统工具生成，地形的面数固定，而且需要手动调节面数，才能适应不同的渲染尺寸，优势是渲染速快，缺点是可控性不是特别强。

图2.006

图2.007

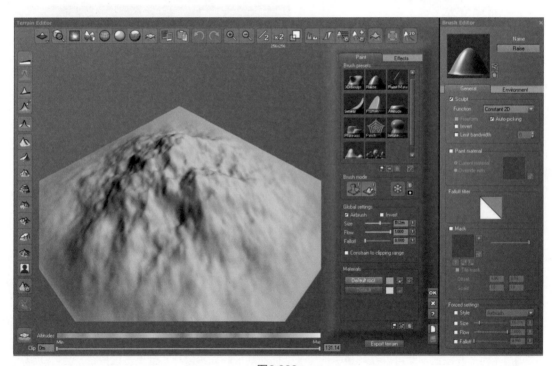

图2.008

2.5　程序地形

用鼠标左键单击界面左侧创建工具栏中的 [程序地形] 按钮，就可以在场景中创建一个程序地形。如果用鼠标右键单击该按钮，会自动弹出Please select a terrain model [选择地形模型] 面板，如图2.009所示。在其中可以随意选择Vue自带的一些程序地形模型，当然也可以调入外界的地形模型。外部的地形调入只支持prt格式。

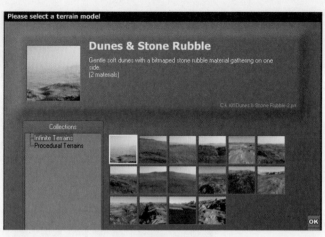

图2.009

　　程序地形建立完成之后，在视图中双击程序地形模型，同样会自动弹出Terrain Editor［地形编辑器］面板。当然，这种地形与标准地形相比，它是由函数（程序贴图）置换地形产生，允许深入到函数进行编辑，也就是可以进入Function Editor［节点编辑器］进行进一步编辑，如图2.010所示。这种地形的优势是可控性特强，缺点是渲染速度比较慢。

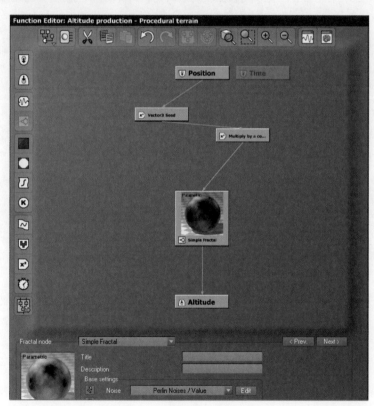

图2.010

2.6　植物

　　植物是非常复杂的对象，它们的面数和材质都比较多。我们可以对植物对象进行移动，调整大小、旋转、扭曲等操作，也可以为植物施加风力，使用风机或在大气里使用全局微风，它们就能随风而动了。

用鼠标左键单击界面左侧创建工具栏中的 ［植物］按钮，就可以在场景中创建一株植物。如果用鼠标右键单击该按钮，会自动弹出Please select a plant species［选择植物类别］面板，在其中可以随意选择Vue自带的一些植物模型，当然也可以调入外界的植物模型，如图2.011所示。

植物建立完成后，在视图中双击植物模型，会弹出Plant Editor［植物编辑器］面板，在该面板中可以编辑修改植物对象，如植物枝干的长宽和

图2.011

材质、叶子的长宽和材质等，如图2.012所示。

图2.012

当然，植物对象也可以随意移动、缩放、旋转、扭曲和分配材质。还可以为植物施加风力，方法是使用风机，或者在大气编辑器中使用全局微风，就会产生植物随风摆动的效果了。

2.7 岩石

用鼠标左键单击界面左侧创建工具栏中的 ［岩石］按钮，就可以在场景中创建一个岩石。岩石是随机创建的多边形对象，每次创建的外形都不相同。如果用鼠标右键单击该按钮，会自动弹出Please select a rock template［选择岩石模板］面板，在其中可以随意选择Vue自带的一些岩石模型，当然也可以调入外界的岩石模型，如图2.013所示。

岩石建立完成之后，在视图中双击岩石模型，就会自动弹出Polygon Mesh Options［多边形网格选项］面板，如图2.014所示。在该面板中可以编辑修改岩石对象，岩石对象与其他对象一样，可以随意进行移动、缩放、旋转、扭曲和分配材质。

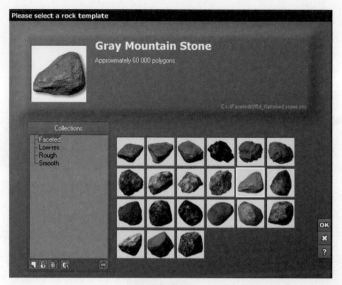

图2.013

2.8 云对象

用鼠标左键单击界面左侧创建工具栏中的 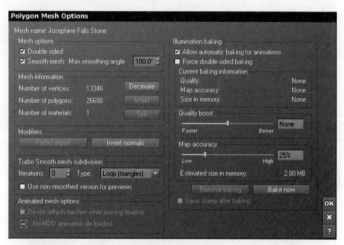 ［云］按钮，就可以在场景中创建一组由多个球体组成的真实云模型。如果用鼠标右键单击该按钮，会自动弹出 Please select a material［选择一个材质］面板，如图2.015所示。在其中可以随意选择Vue自带的一些预设好的云模型，当然也可以调入读者之前保存好的云模型，格式为cld。

云模型建立完成之后，在视图中双击云模型模型，会自动弹出Polygon Mesh Options［多边形网格选项］面板，在该面板中可以编辑修改云模型对象，云模型对象与其他对象一样，可以随意进行移动、缩放、旋转、扭曲和分配材质，如图2.016所示。

这种云模型的制作原理是，由系统随机创建多个球体，并将它们成组，再为组指定体积材质。

图2.014

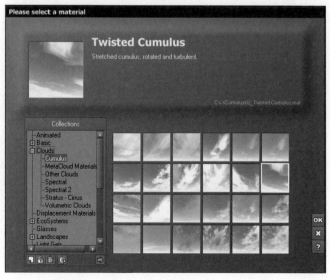

图2.015

19

▶▶▶ 注释信息

云对象每次都是随机创建的,每次创建之后得到的云的效果都是不一样的。由于体积材质的原因,仅限于在光谱大气模式下使用。

云的属性面板和视图渲染效果

图2.016

2.9　行星

按下界面左侧创建工具栏中的 ⚫ [行星] 按钮,它是唯一在大气面板之外的天空中的对象。与其它对象一样,行星可以移动、缩放、旋转和扭曲操作,但是,不能随意分配材质。行星包括太阳系的九大行星和月球,如图2.017所示。

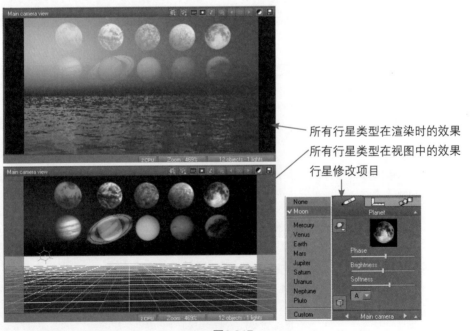

所有行星类型在渲染时的效果

所有行星类型在视图中的效果

行星修改项目

图2.017

2.10 曲线

按下界面左侧创建工具栏中的 ![曲线] 按钮，可以创建曲线对象。如果用鼠标右键单击该按钮，按钮会变成 ![道路] 按钮，可以创建道路对象，格式为cld。该对象是在Vue 10.0版本中新增的功能，可以实现生态系统沿着曲线生长，或者生态系统在曲线内部生长的效果。曲线绘制完成后，还可以使用曲线编辑器对其进行编辑，如图2.018所示。

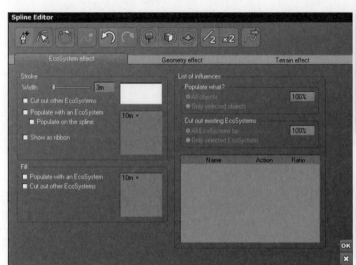

曲线对象创建生态系统

展开后的曲线编辑面板

道路对象创建场景道路

图2.018

2.11 调入对象

按下界面左侧创建工具栏中的 ![调入对象] 按钮，可以调入Vue自带的一些模型对象，或者是调入外部系统中的一些对象模型。比较常见的调入对象类型有pz3（Poser模型）格式、3ds和obj格式。模型在调入时，还会自动弹出Import Options［导入选项］面板，如图2.019所示。在保证模型导入后可以调整尺寸，对齐视图中心等项目之外，还会尽可能地将模型自带的材质也一并导入。

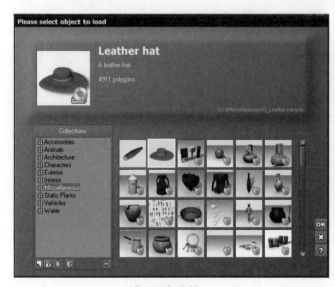

调入对象面板

调入属性面板

图2.019

2.12　组对象

按下界面左侧创建工具栏中的 [组对象] 按钮，可以创建组对象，但是前提必须先要选择两个以上的对象，该按钮才会呈现可用状态。如果想要解组，可以先选择组对象，然后单击创建工具栏中的 [解组对象] 按钮，这样就可以将已经成好组的对象重新解开为个体，如图2.020所示。

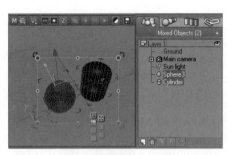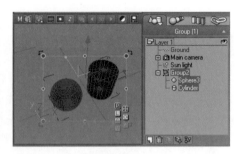

成组前　　　　　　　　　　　　　成组后

图2.020

2.13　布尔对象

按下界面左侧创建工具栏中的 [布尔对象] 按钮，可以对选择对象进行布尔运算。运算方式包括Difference [差集]、Intersection [交集] 和Union [并集]。前提必须先选择两个以上的对象，该按钮才会呈现可用状态，如图2.021所示。

如果想要取消布尔运算，可以先选择布尔运算后的对象，然后单击创建工具栏中的 [解组对象] 按钮，这样就可以将已经布尔运算后的对象重新解开为个体。

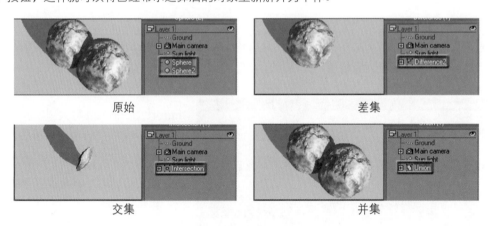

原始　　　　　　　　　　　　　差集

交集　　　　　　　　　　　　　并集

图2.021

2.14　变形球对象

使用鼠标左键按下界面左侧创建工具栏中的 [变形球] 按钮，可以将选择对象进行变形球融合运算，但前提必须先选择两个以上的对象，该按钮才会呈现可用状态。

如果用鼠标右键按下界面左侧创建工具栏中的 [变形球] 按钮，会自动弹出变形球运算同时的材质设置选项，读者可以根据实际情况选择不替换材质，或者替换所有材质，如图2.022所示。

图2.022

　　如果想要编辑变形球运算后的对象，可以在世界浏览器中双击该项目，自动弹出Hyperblob Options［变形球选项］面板，如图2.023所示。在其中可以调节相应参数，如封套距离、强度、并集差集的选择、最大分辨率等。

　　如果想要取消变形球运算，可以先选择变形球运算后的对象，然后单击创建工具栏中的 ▢ ［解组对象］按钮，这样就可以将已经变形球运算后的对象重新解开为个体。

2.15　灯光

　　按下界面左侧创建工具栏中的 ▢ ［灯光］按钮，可以创建一个用于照明的点光源对象。如果用鼠标右键单击该按钮，会自动弹出 ▢ ◁ ◁ ◢ ▢ 其他的光源种类。虽然Vue自带的Sun light［太阳光］效果已经非常出众了，但是在某些情况下，还是需要用户自己创建一些辅助灯光，来对场景进行辅助照明。

　　Vue提供了7个灯光，其中包括5个简单灯光：点灯、方形点灯、射灯、方形射灯和定向灯。还有两个区域灯，分别是Light Panel［面灯］和发光对象。常用灯光外形如图2.024所示。

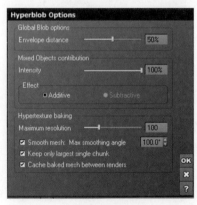

图2.023

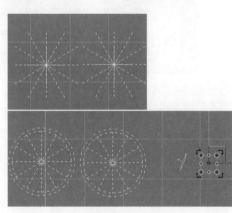

图2.024

　　灯光创建完成后，如果要对灯光进行编辑，可以直接选择该灯光，在界面右上方的外观标签中，可以调整灯光属性，包括灯光的强度、颜色、柔和、散播、衰减、镜头光晕、滤光板、体积光、阴影和照明等与灯光有关的各种项目，如图2.025所示。

2.16　风机对象

　　使用鼠标左键按下界面左侧创建工具栏中的 ▢ ［方向型风机］按钮，可以创建一个具有特定方向的风机。在之前的版本中，它仅限用于吹/吸植物模型，对生态系统作用不大。但是在最新的Vue 10.0版本中，它可以对生态系统起作用了。

如果用鼠标右键按下界面左侧创建工具栏中的 【辐射性风机】按钮，会创建由一个点向四周吹的风力。读者可以根据实际情况来选择这两种不同类型的风机，或者在一个场景的不同位置创建两种不同的风机，起到不同的风吹效果。

如果想要编辑风机的参数，可以在Hyperblob Options［变形球选项］面板中调节相应参数，如图2.026所示。

2.17　摄影机对象

在界面左侧的工具栏中，并没有摄影机的创建按钮。场景提供了两架默认摄影机，当然用户根据实际需要，还可以创建更多的摄影机。

在Vue中，添加新的摄影机一直是一个困扰很多初学者的问题，方法如下：

首先需要选择任意一架摄影机（默认的两架摄影机均可），然后在外观面板中单击  Camera Manager［摄影机管理器］按钮，在弹出面板的文字输入处输入新建摄影机的名称，按下键盘的回车键，就可以创建一架新的摄影机了。如果要删除场景中的某架摄影机，也在该面板的列表中选择需要删除的摄影机，然后单击文本输入处后方的Delete［删除］按钮，就可以将其删除了，如图2.027所示。

图2.025　　　　　　　　　图2.026　　　　　　　　　图2.027

在外观面板的下拉列表中会显示所有的摄影机，如果不在第0帧时切换摄影机，系统将自动赋予摄影机开关的关键帧，也就是可以将摄影机的切换设置为动画。

图2.028（左）是在世界浏览器中观察场景中默认的两架摄影机，在这里可以比较方便地通过选择相应摄影机的名称，来选择特定的摄影机。

图2.028（中）是摄影机的控制中心，在这里可以对当前选择的摄影机进行调控，包括摇移、平移和缩放，当然还可以预览到当前选择的摄影机视图中的效果。

图2.028（右）是选择了场景中任意一架摄影机之后，外观面板中显示出的相应选项。在其中可以调控所选摄影机的镜头、模糊、曝光和高度等参数。

默认的两架摄影机　　　摄影机控制中心　　　摄影机外观面板

图2.028

如果在场景中选择了任意一架摄影机，双击该图标就可以弹出下面的Advanced Cemera Options［高级摄影机选项］面板，在该面板中可以设置与摄影机有关的一些后期选项，如曝光、光斑、画面纵横比、后期处理方面（如色相、饱和度和对比度等）等，如图2.029所示。

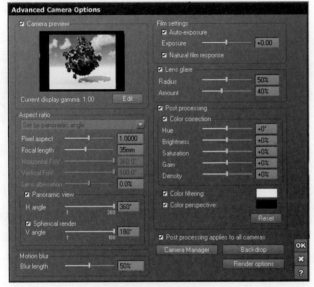
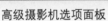

高级摄影机选项面板　　　　　　　　　场景中默认的两架摄影机

图2.029

这里，还需要向读者讲解一下摄影机视图的安全框的调用方法，方法如下：

单击当前激活视图（外圈有蓝框的）工具栏的 Viewport Display Options［视图显示选项］按钮，在弹出的选项中选择Frame Guides［安全框］项，弹出Frame Guides［安全框］面板，在其中只需要勾选Display safe frames and grid［显示安全框和栅格］项即可。关闭该面板之后，在当前激活的摄影机视图中就有安全框出现了，如图2.030所示。

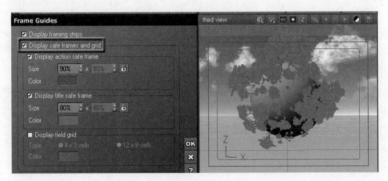

图2.030

03 常用面板

3.1 Render Options [渲染选项] 面板

在Render Options [渲染选项] 面板中，可以设置关于图像渲染的各项选项，如图3.001所示。其中包含Preset render quality [预设渲染质量]、Renderer [渲染器]、Render Destination [渲染目标]、Render What? [渲染什么？]、Render quality [渲染质量]、Render Anti_aliasing [渲染抗锯齿]、Indirect lighting solution [间接光照解决方案]、Picture size and resolution [图片尺寸和分辨率]、Render area [渲染区域]、Memory Optimization [内存优化] 和Beep when render complete [渲染完成蜂鸣]。

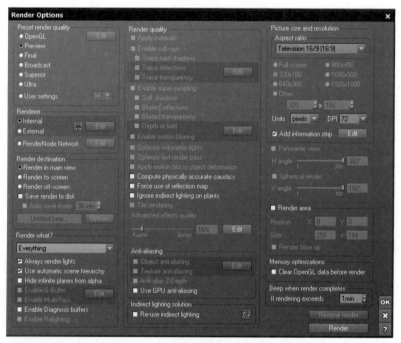

图3.001

3.1.1 Preset render quality [预设渲染质量] 选项卡

在Preset render quality [预设渲染质量] 选项卡下提供了7种预设的渲染质量，它们分别是OpenGL [显卡硬件模式]、Preview [预览]、Final [最终]、Broadcast [广播级]、Superior [高级]、Ultra [超级] 和User [用户自定义] 模式。每种渲染质量将针对于不同的渲染效果。图

3.002显示的是Preview［预览］和Final［最终］级别的渲染效果对比。

Preview［预览］   Final［最终］

图3.002

3.1.2   Renderer［渲染器］选项卡

在Renderer［渲染器］选项卡下提供了3种预设的渲染器，它们分别是Internal［内部渲染器］、External［外部渲染器］和RenderNode network［渲染节点网络］，如图3.003所示。一般情况下，单帧渲染就可以直接使用Internal［内部渲染器］，而渲染动画和大尺寸的静帧图片，要尽量使用后两项。

3.1.3   Render Destination［渲染目标］选项卡

Render Destination［渲染目标］选项卡主要用来设置渲染图像的放置位置。其中提供了4种预设的存储位置，它们分别是Render in main view［渲染到主窗口］、Render to screen［渲染到屏幕］、Render off-screen［渲染到屏幕外］和Save render to disk［保存渲染到磁盘］。还可以设置Auto save every［自动存盘每分钟］，该项可以强制Vue在制作过程中进行自动存盘，以免发生操作失误或者资源耗费过度，导致Vue非正常关机，尽最大可能保留用户的制作数据，如图3.004所示。

图3.003   图3.004

3.1.4　Render what?［**渲染什么？**］**选项卡**

Render what?［渲染什么？］选项卡主要用来设置一些附属选项，所提供的项目分别是Always render lights［总是渲染灯光］、Use automatic scene hierachy［使用自动场景层级］、Hide infinite planes from alpha［保存Alpha通道时隐藏无限大平面］、Enable G-Buffer［开启G-缓存通道］、Enable Multi-Pass［开启多通道］、Enable Diagnosis buffers［开启诊断缓存］和Enable Relighting［开启重照明］等，如图3.005所示。

3.1.5　Render quality［**渲染品质**］**选项卡**

Render quality［渲染品质］选项卡下的各参数在Preset render quality［预设渲染质量］为User［用户自定义］模式下才可用。其中包括Apply materials［应用材质］、Enable sub-rays［开启次级光线］、Trace cast shadows［追踪投影］、Trace reflections［追踪反射］、Trace transparency［追踪透明］、Enable super-sampling［开启超级采样］、Soft shadows［软阴影］、Blurred reflections［模糊反射］、Blurred transparencies［模糊透明］、Depth of field［景深］、Enable motion blurring［开启运动模糊］、Optimize volumetric lights［优化体积灯光］、Optimize last render pass［优化最终渲染多通道］、Apply motion blur to object deformation［物体变形时应用运动模糊］、Compute physically accurate caustics［计算真实物理焦散］、Force use of reflection map［强制使用反射贴图］、Ignore indirect lighting on plants［忽略间接照明植物］、Tile Rendering［平铺渲染］和Advanced effects quality［高级效果质量］等参数，如图3.006所示。

3.1.6　Anti_aliasing［**抗锯齿**］**选项卡**

Anti_aliasing［抗锯齿］选项卡下的有些参数是在Preset render quality［预设渲染质量］为User［用户自定义］模式下才可用。其中包括Object anti-aliasing［对象抗锯齿］、Texture anti-aliasing［纹理抗锯齿］、Anti-alias Z-Depth［Z深度抗锯齿］、Use GPU anti-aliasing［GPU抗锯齿］和Re-use indirect lighting［重用间接照明］等参数，如图3.007所示。

图3.005

图3.006

图3.007

3.1.7 Picture size and resolution［图片尺寸和分辨率］选项卡

Picture size and resolution［图片尺寸和分辨率］选项卡只在Render destination［渲染目标］项为Render in main view［渲染到主窗口］模式下不可用，其他选项均可用。其中包括Aspect ratio［屏幕宽高比］、Units［单位］、DPI［点每英寸］和Add information strip［添加信息条］等参数，如图3.008所示。

3.1.8 Other［其他］选项卡

Other［其他］选项卡下的各项参数主要控制一些关于渲染的杂项，如特殊拍摄角度设置、区域渲染和内存优化控制等。其中包括Panoramic view［全景视角］、Spherical view［球形视角］、Render area［区域渲染］、Render blow up［放大渲染］、Memory optimizations［内存优化］和Beep when render completes［渲染完成后蜂鸣］等参数，如图3.009所示。

图3.008

图3.009

3.2 Post Render Options［后期渲染选项］面板

在Post Render Options［后期渲染选项］面板中，可以设置关于图像后期处理的各项选项，如控制画面曝光程度、镜头光斑半径和数量、颜色校正（包括色相、饱和度、对比度）等。其中包含Film settings［影片设置］、Lens glare［镜头光斑］、Post Processing［后期处理］等3大模块，如图3.010所示。

该对话框主要是用来后期处理图像。默认情况下，渲染完成后，该对话框会自动弹出，也可单击主摄影机视图标题栏中的渲染后期选项图标，将其打开，如图3.011所示。

图3.010

图3.011

3.3 Options［选项］面板

Options［选项］面板由4个选项卡组成，它们分别是General Preference［全局首选项］、Display Options［显示选项］、Units&Coordinates［单位&坐标］和Operation［操控］。在这4个选项卡中主要是设置与系统有关的各项选项。执行File＞Options［文件＞选项］菜单命令，即可打开该面板，如图3.012所示。

3.3.1 General Preference［全局首选项］选项卡

General Preference［全局首选项］选项卡下的各项参数主要控制一些关于系统的设置，其中包括Load/save options［调入/保存选项］、Object options［物体选项］、Render options［渲染选项］、Undo/Redo options［撤销/重做选项］、EcoSystem options［生态系统选项］和Preview options［预览选项］等参数，如图3.013所示。

这其中有些项目是比较常用的，如Auto-save［自动存盘］、undo［撤销］等功能。其中Interface color［界面颜色］尤其适用于喜欢DIY的读者。

图3.012   图3.013

3.3.2 General Preference［全局首选项］选项卡

General Preference［全局首选项］选项卡下的各项参数主要控制一些关于显示的设置，其中包括3D view display quality［3D视图显示品质］、OpenGL texturing options［显卡纹理选项］、View options［视图选项］、View background options［视图背景选项］、OpenGL clipping［显

卡剪切]、Degraded modes［降级模式]和Maintain instant draw frame rate［保持关联绘制帧速率］等类别,如图3.014所示。这其中有些项目是比较常用的,如Auto-save［自动存盘]和undo［撤销]等功能。

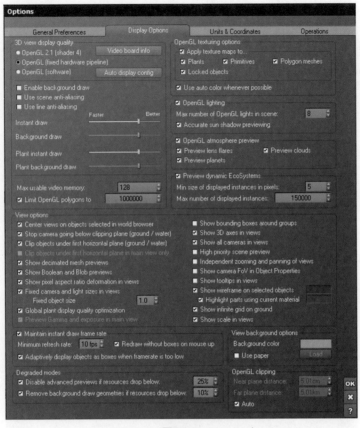

图3.014

3.3.3　Units & Coordinates［**单位** & **坐标**]**选项卡**

Units & Coordinates［单位 & 坐标]选项卡下的各项参数主要控制一些关于系统单位和坐标的设置,其中包括Units［单位]、World coordinate system［世界坐标系统]、Spherical scene［球形场景]、Snapping gird resolution［捕捉栅格分辨率]、Order of rotations［旋转顺序]和Sea level［海平面]等类别,如图3.015所示。

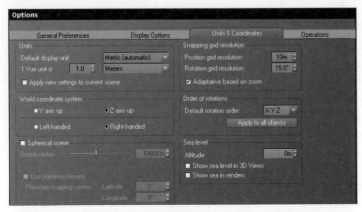

图3.015

这其中有些项目是比较常用的,如Default display unit [默认显示单位]、1 Vue unit is [1个Vue单位等于...]、World coordinate system [世界坐标系统]是y轴向上还是z轴向上等功能。

3.3.4　Operation [操控]选项卡

Operation [操控]选项卡下的各项参数主要控制一些关于键盘快捷键和用户自定义文件的设置,其中包括Keyboard shortcuts [键盘快捷键]、User configuration files [用户自定义文件]和Additional Texture Map Folders [附加纹理贴图文件夹]等类别,如图3.016所示。

这其中有些项目是比较常用的,如Vue content folder [Vue目录文件夹],它的作用是设置Vue的项目文件夹。

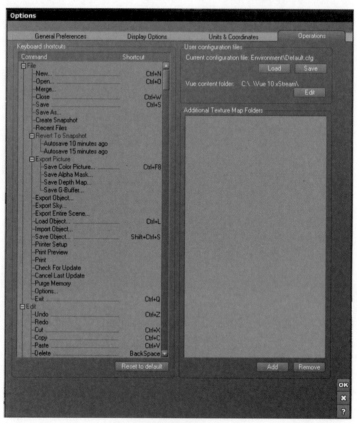

图3.016

04 灯光编辑器

当我们在场景中创建了灯光后，可以在世界浏览器中双击某个灯光，这时就会弹出灯光编辑器，如图4.001所示。该编辑器是由Lens flares [镜头光斑]、Gel [滤光镜]、Volumetric [体积光]、Shadows [阴影]、Lighting [照明] 和Influence [影响] 等选项卡组成。

图4.001

4.1 Lens Flares [镜头光斑] 选项卡

现实镜头光斑是由相机的镜头造成的，而在Vue中，也可以模拟出镜头光斑的效果。

为灯光指定镜头光斑的方法如下：

- 首先选择灯光，按下属性面板中的 [光斑编辑器/光斑选项] 按钮，如图4.002所示，这样就会自动打开灯光编辑器面板。
- 在灯光编辑器面板的Lens flares [镜头光斑] 选项卡中，勾选Enable Lens flare [开启镜头光斑] 项，然后通过设置其下的各项参数，就可以为灯光添加镜头光斑了。

在Lens flares [镜头光斑] 选项卡中，可以设置Flare intensity [光斑强度]、Rotation [旋转角度]、Ring [光环]、Random Streaks [随机条

图4.002

纹]、Color shift [颜色偏移]、Star Filter [星形过滤器]、Reflections [反射] 和Fading [衰减] 等参数。

在Reflections [反射] 项的Type of Lens [镜头类型] 下拉列表中选择Custom [自定义] 项,系统会自动弹出Lens flare Reflection Editor [镜头光斑反射编辑器] 面板。在其中可以设置自动二级光斑的每个组成部分的光斑形状,如图4.003所示。

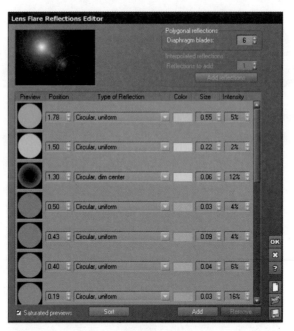

图4.003

4.2 Gel [滤光镜] 选项卡

Gel [滤光镜] 选项卡可为灯光指定滤光镜,在其中可以加载滤光镜材质,如果选择了多盏灯,新的滤光镜材质将用于这些灯,如图4.004所示。

滤光镜一般分为两种,Flat gel [平面滤光镜] 和Spherical gel [球形滤光镜],它们都不能应用于定向灯(即太阳)。

图4.004

4.3 Volumetric [体积光] 选项卡

首先选择灯光(非太阳光),按下属性面板中的 [光晕编辑器] 按钮,这样就会自动打开灯光编辑器面板。在该面板的Volumetric［体积光］选项卡内，勾选Enable Volumetric Lighting ［开启体积光］项，就可以为灯光添加体积效果了。

在Volumetric［体积光］选项卡中，可以设置体积光的Enable［开关］、Intensity［强度］、Quality boost［提高质量］、Cast shadows in volume［投影］、Smoke/Dust density［烟尘密度］等参数，如图4.005所示。

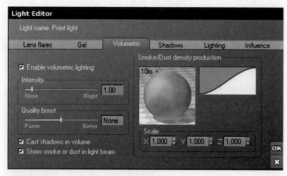

图4.005

4.4 Shadows［阴影］选项卡

要想使场景中的对象产生阴影，首先应该开启灯光的阴影开关。方法是在世界浏览器中选择某个灯光后，用鼠标左键单击属性面板中的灯光阴影🔍开/关；如果使用鼠标双击该按钮，则会自动弹出灯光编辑器，并自动切换到Shadows［阴影］选项卡。

在该选项卡面板中，可以设置阴影的采样、柔和度、阴影计算方式、软阴影等，如图4.006所示。

图4.006

4.5 Lighting［灯光］选项卡和Influence［影响］选项卡

在Lighting［灯光］选项卡中，可以设置灯光的衰减方式，包括Linear［线性］、Cubic［立方］和Custom［自定义］3种方式，如图4.007所示。

在该选项卡中还可以设置灯光的颜色贴图，设置此项不仅能控制灯光的颜色，还能根据颜色控制灯光衰减的距离。说起来虽然有些违背真实世界的物理现象，但完全可以用来创建一些非常有意思的效果，尤其是该灯光已经使用了体积光的时候。

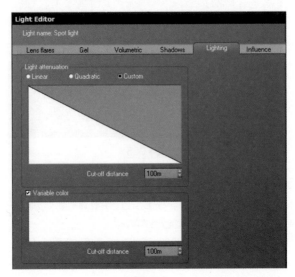

图4.007

而在Influence［影响］选项卡中，可以设置灯光是否照射物体的漫发射或者高光，包括灯光对场景中的哪些物体起作用，如图4.008所示。

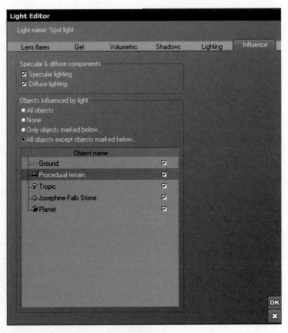

图4.008

05 大气编辑器

如果完全从一个空场景开始来创建大气效果，可能是一个费力不讨好的工作，读者完全可以利用预设场来调入大气，这样不仅效果非常真实，而且还非常省时。但是，即使是调入预设的大气模式，在有些情况下还需要对其进行一些修改，这就要求读者了解大气编辑器中的重要参数，下面讲解大气编辑器的使用，如图5.001所示。

当我们新建一个场景的时候，系统会自动提示用户选择一款预设大气。当然也可以通过菜单和工具栏中的相应命令和按钮来完成载入大气和保存大气的工作，如图5.002所示。

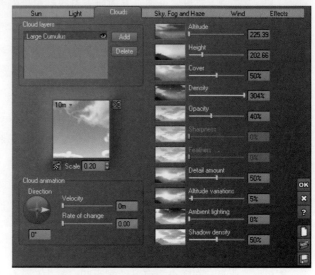

图5.001

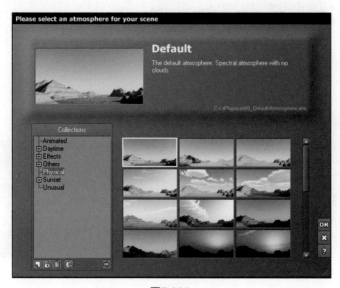

图5.002

5.1　Atmosphere model［**大气模式**］简介

系统提供给我们四种大气模式，每种模式都有相应的使用场合，它们分别是Standard model［标准模式］、Volumetric model［体积模式］、 Spectral model［光谱模式］和Environment mapping［环境映射］模式，如图5.003所示。

图5.003

- Standard model［标准模式］：在该种模式下，场景会随着太阳位置的变化而产生照明效果，需要手工设置天空。其中所有参数都可以制作动画，而且渲染速度比较快。
- Volumetric model［体积模式］：该种模式是介于标准模式和光谱模式之间的一种模式，只需要简单调整灯光，就可以产生比较不错的照明效果。该种模式比较适合制作动画的场景。渲染速度稍慢。
- Spectral model［光谱模式］：该种模式是最接近真实世界的一种模式，可以根据天气情况准确地模拟真实的大气环境和照明效果。渲染速度非常慢。
- Environment mapping［环境映射］模式：该种模式的原理是使用HDRI全景图建立环境，也就是虚拟的假环境，比较适合建筑场景。

5.2　通用选项卡

5.2.1　Sun［**太阳**］选项卡

在Sun［太阳］选项卡中可以控制太阳，其中包含的参数各大气模式下略有不同。如果场景中没有Directional Light［方向光源（即太阳）］，此选项卡将无法使用。在该选项卡中可以控制Sun color［太阳颜色］、Position of the sun［太阳位置］、Size of the sun［太阳尺寸］和Size of the corona［光晕尺寸］等，如图5.004所示。

➘➘➘注释信息

该选项卡不会出现在Environment mapping［环境映射］模式下。

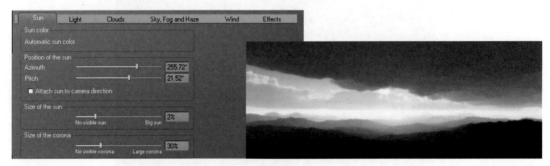

图5.004

5.2.2　Light［**照明**］选项卡

在Light［照明］选项卡中可以控制照明，其中包含的参数各大气模式下略有不同。在该选项卡中可以控制Lighting model［照明模式］、Global lighting adjustment［全局照明调节］、Apply settings to［应用设置给］等，如图5.005所示。

Lighting model［照明模式］有以下几种，分别是Standard［标准］、Global ambience［全局环境］、Ambient occlusion［环境吸收］、Global illumination［全局照明］和Global radiosity［全局辐射］。

Lighting model［照明模式］选项卡中还可以设置Indirect skylighting［间接天光］、Indirect atmospherics［间接大气］、Shadow Smoothing［平滑阴影］、Quality boost［提高质量］和Overall skylight color［整体天光颜色］等。

Global lighting adjustment［全局照明调整］选项卡中可以设置Light Intensity［光照强度］、Light balance［光照平衡］、Ambient light［环境光］、Light color［灯光颜色］、Ambient Light color［环境光颜色］。

调节好的效果图如图5.006所示。

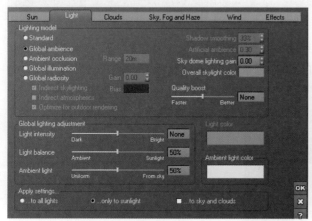

图5.005

图5.006

5.2.3　Cloud［云］选项卡

可以为场景中添加的云层类型有两种：图片云层和体积云层。

图片云层是指用程序贴图配合透明贴图来模拟云层，即云层是图片性质的，没有任何厚度。只适用于人视场景，即没有体积感的云层，所以有时也叫片云。

体积云层是指使用体积材质模拟真实的云层效果，这种云层的体积感是很强的，有非常明显的厚度，效果如图5.007所示。

↘↘↘ 注释信息

当读者创建一个云层时，该云层可以一个对象的形式在全局浏览器中显示，也可以通过动画的某些参数来使云层产生飘动动画，可以控制云层的流动和翻滚。

我们首先应该了解如何在场景中添加云层。在该选项卡面板的Cloud layers［云层］项下单击Add［添加］按钮，在弹出的Please select a material［选择一个材质］面板左侧列表中单击相应项目，在右侧就可以双击符合条件的云层材质，则该材质就会被添加到的Cloud layers［云层］列表中，再通过右侧的各项参数来调节云层的具体参数，如图5.008所示。

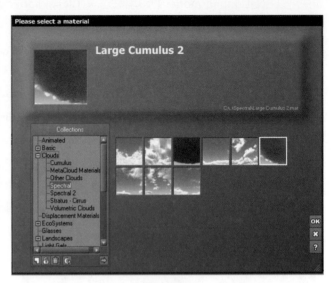

图5.007   图5.008

在该选项卡中可以控制Altitude［海拔］、Height［高度］、Cover［覆盖］、Density［密度］、Opacity［不透明度］、Sharpness［锐度］、Feathers［羽化］、Detail amount ［细节数量］、Altitude variations［海拔变化］、Ambient lighting［环境照明］和Shadow density［阴影密度］的参数值，如图5.009所示。

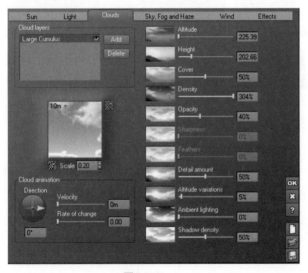

图5.009

注释信息

如果要在场景中查看上帝之光，读者不仅要在［天空、雾和霾］选项卡中启用上帝之光，而且还要在高级云材质编辑器中设置上帝之光的强度。

5.2.4　Fog and Haze［天空、雾和霾］选项卡

Fog and Haze［天空、雾和霾］选项卡仅适用于Standard model［标准模式］、Volumetric model［体积模式］和Spectral model［光谱模式］，在不同模式选项卡下，该选项卡中的各项参数也不同，如图5.010所示。

首先，我们来分析一下雾是怎么形成的。雾是一个总称，一般是由小水滴、小冰晶和灰尘组成的。现实生活中的对象往往是逐渐消失在雾里，并且颜色也将融入雾的颜色。

通过我们日常的了解，读者可能会认为雾和薄雾只有在特殊场合才会出现，但实际上并非如

此。除非读者身处外太空，否则无论天气情况如何，雾和薄雾都是一直存在的。雾和薄雾的颜色是受天空影响的，它们会随着距离的远近而产生景深的感觉，这就是为什么几乎所有的预定义大气都具有一定数量的雾的原因。可见雾和薄雾对于真实自然场景的表现是非常重要的。

霾就是薄雾，一般在夏天温度特别高的时候特别强烈。这是由于光线碰到大气中的微小颗粒（主要是氧氮分子）后被散开到各个方向。由于空气中颗粒密度不同，所以也可以看到颜色（如火山爆发时天空变成绿色）。薄雾与雾还不太一样，距离会影响到薄雾的饱和度，薄雾控制起来比较简单：在Volumetric〔体积〕大气模式下，控制薄雾的方法和雾是完全一样的。如果是标准大气模式，薄雾密度会根据不同的海拔高度而变得不同，效果如图5.011所示。

图5.010

图5.011

在该选项卡中可以控制Sky ground density〔地面天空密度〕、Sky mean altitude〔平均海拔天空〕、Decay amount〔衰减量〕、Decay mean altitude〔平均海拔衰减〕、Sky color〔天空颜色〕、Decay color〔衰减颜色〕、Haze ground density〔地面薄雾密度〕、Haze mean altitude〔平均海拔薄雾〕、Haze color〔薄雾颜色〕、Fog ground density〔地面雾密度〕、Fog mean altitude〔平均海拔雾〕、Fog color〔雾颜色〕、Glow intensity〔发光强度〕、Scattering anisotropy〔散射各项异性〕、Clouds anisotropy、〔云各项异性〕、Aerial perspective〔空中视角〕、Quality boost〔提高质量〕、Godrays〔上帝之光〕、Projected shadows on clouds〔云投影〕、Volumetric sunlight〔体积阳光〕等参数。

▶▶▶ ◼◼◼ **注释信息**

设置水下场景时，请不要使用光谱大气模式，会导致空气和水粒子密度的冲突，效果极为不真实。

5.2.5　Wind［风］选项卡

Vue的风与真实的风不同，分微风和风，请读者千万不要混淆。风适用于所有植物，尤其适合叶片比较软的植物，而微风更适合于强振幅运动。相比微风，风的渲染速度要慢。

在该选项卡中可以控制Enable wind［启用风］、Enable breeze［启用微风］、Intensity［强度］、Pulsation［脉动］、Uniformity［均匀度］、Turbulence［扰乱］、Amplitude［振幅］、Frequency［频率］、Accelerate［加速］、speed［速度］、Show example wind［显示范例风］、Preview gusts of wind［预览阵风］、Preview leaf fluttering［预览树叶飘动］等参数，如图5.012所示。

5.2.6　Effects［效果］选项卡

在Effects［效果］选项卡中可以设置星星、彩虹、冰环等效果，如图5.013所示。

控制星星的参数如下：Number of stars［星星的数量］、Brightness［亮度］、Twinkle［闪烁］、Colored stars［彩色星星］。

控制彩虹的参数如下：Intensity［强度］、Size［尺寸］、Falloff［衰减］、Secondary bow［复弓］、Realistic colors［真实颜色］。

控制冰环的参数如下：Intensity［强度］、Size［尺寸］、Parhelic arc［弧光］、PSundogs［幻日］和Pillar［光柱］等参数。

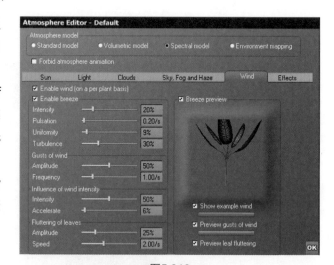

图5.012

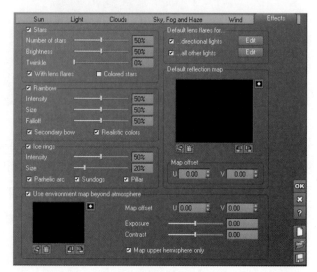

图5.013

06 材质编辑器

6.1 材质编辑器简介

在场景中创建了对象之后，选择该对象，在世界浏览器中双击缩略图，就会弹出材质编辑器，如图6.001所示。当然，灯光和摄影机等双击除外。

在Vue的高版本中，使用者一般都会用高级材质编辑器，因为这个材质编辑器提供了更多的材质选项，编辑材质更加自由和灵活，如图6.002所示。

默认的高级材质编辑器的上半部分是由3大块组成：编辑器类型切换及材质工具按钮、Type［材质类型］和Effects［材质效果］。下半部分是由7个选项卡组成，分别是Color & Alpha［颜色&通道］、Bumps［凹凸］、Highlights［高光］、Transparency［透明］、Reflection［反射］、Translucency［半透明］和Effects［效果］。当然，随着材质类型的不同，选项卡的类型也不尽相同。图6.003

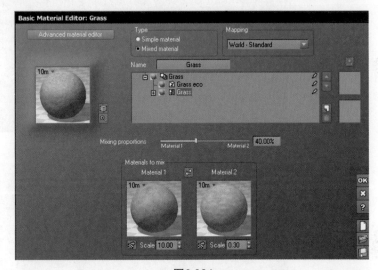

图6.001

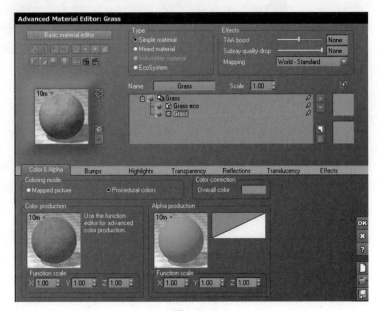

图6.002

所示就是Simple［单一材质］、Mix［混合材质］和EcoSystem［生态系统］对应的选项卡。

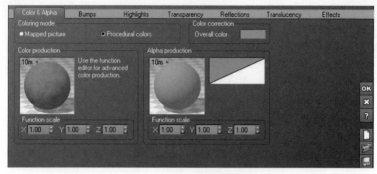

单一材质对应的选项卡

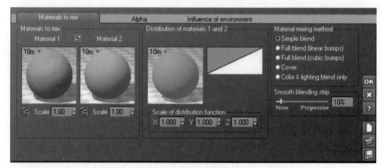

混合材质对应的选项卡

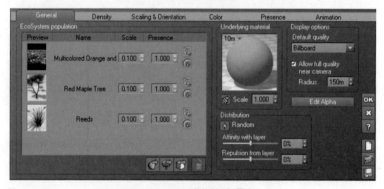

EcoSystem对应的选项卡

图6.003

6.1.1 工具栏和切换面板

在材质编辑器的左上方，是材质编辑器的工具栏和切换面板。顶部的按钮可以在基础材质编辑器和高级材质编辑器间切换，两排按钮从左到右，从上到下的作用如下。

One sided［单面］、Disable anti-aliasing［禁用抗锯齿］、Hide from camera rays［隐藏摄影机光线］、Hide from reflected/refracted rays［隐藏反射/折射光线］、Disable indirect lighting［禁用间接照明］、Disable caustics［禁用焦散］、Ignore lighting［忽略灯光］、Ignore atmosphere［忽略大气］、Don't cast shadows［不投影］、Don't receive shadows［不接收阴影］、Only shadows［仅阴影］、Matte / Shadow / Reflection［无光/投影/反射］、Show in the timeline［在时间线显示］和Disable material animation［禁用材质动画］，如图6.004所示。

6.1.2 材质类型

在材质编辑器的正上方，可以在材质编辑器中切换类型。默认情况下，由Simple material［简单材质］、Mix material［混合材质］、Volumetric material［体积材质］ 和EcoSystem［生态系统］组成，如图6.005所示。

6.1.3 材质效果选项

在材质编辑器的右上方，提供了调整材质的一些辅助选项。包含的参数有TAA boost［提高纹理保真］、Subray quality drop［降低光线质量］和Mapping［贴图坐标］，如图6.006所示。

图6.004　　　　　　　　图6.005　　　　　　　　图6.006

6.1.4 材质层级选项

在材质编辑器的中部，是材质层级的显示。在其中可以观察和调整整个材质的树形结构，还可以修改每层树形结构的名称和比例，更可以新建和删除某个不需要的层，如图6.007所示。

6.2 简单材质选项卡简介

6.2.1 color & Alpha［颜色和通道］选项卡

如果使用的是Simple［单一］材质，材质编辑器底部会出现7个选项卡。第一个是Color & Alpha［颜色和通道］选项卡。在该选项卡中，可以设置材质的漫反射颜色，还可以设置Alpha通道使用程序纹理还是外部图片。另外，也可以设置整体的颜色偏向，如图6.008所示。

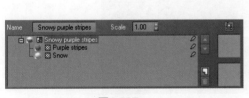

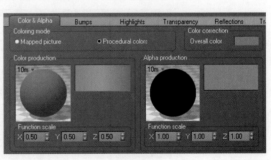

图6.007　　　　　　　　　　　　　　　图6.008

6.2.2 Bump［凹凸］选项卡

在Bump［凹凸］选项卡中，可以设置材质的凹凸是使用程序纹理还是外部图片。当然，还可以设置很多附加的选项，如Smoothing［贴图平滑］、Move EcoSystem instances［移动生态系统实例］、Dependent on slope［依赖坡度］和Bump depth［凹凸深度］等功能，如图6.009所示。

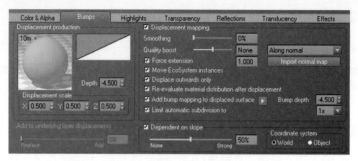

图6.009

6.2.3 Highlights［高光］选项卡

在Highlights［高光］选项卡中，可以为材质设置高光，如图6.010所示。Vue调节高光有3种方法：标准方法、函数影响高光和重复叠加影响。其中，第一种方法是通过调整材质的整体高光强度和整体高光大小来控制高光，与其他三维软件一样。而后两种是Vue特有的高光控制方法，其中，使用最后一种方法影响高光，最终目的就是使地形的材质更丰富！如地形有岩石和土壤，不仅有湿有干，而且又明有暗。

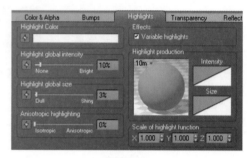

图6.010

6.2.5 Transparency［透明］选项卡

在Transparency［透明］选项卡中，可以为材质设置透明。选项卡中提供了Global transparency［全局透明］、Blurred transparencies［模糊透明］、Refraction index［折射率］、Flare［光斑］、Fading out［随水深透明度变化（可设置从清水到浊水的过渡）］、Fade out color［深水色］、Light color［浅水色］和Enable dispersion［开启色散］等参数，如图6.011所示。

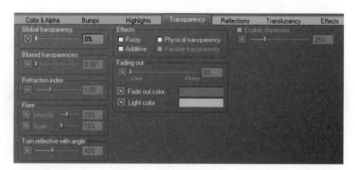

图6.011

6.2.6 Reflection［反射］选项卡

在Reflection［反射］选项卡中，可以为材质设置反射。选项卡中提供了Global Reflection［全局反射］、Blurred Reflection［模糊反射］、Variable reflectivity［可变反射］、Use reflection map［使用反射贴图］等参数，如图6.012所示。

图6.012

6.2.7 Translucency［半透明］选项卡

在Translucency［半透明］选项卡中，可以为材质设置半透明效果。半透明与透明并不相同，透明可以分散、反射或折射，而半透明是材质表面吸收光线并向不同的方向散射。该项技术也被称为面下散射。

选项卡中的项目主要控制Translucency［半透明］、Absorption［吸收］和Multiple scattering［多重散射］类参数。其中比较常用的参数有：Average depth［平均深度］、Balance［平衡］、Refraction index［折射率］、Overall effect quality［全局效果质量］、Anisotropy［各向异性］等参数，如图6.013所示。

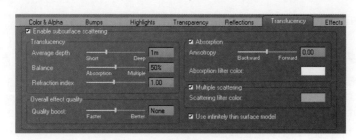

图6.013

6.2.8 Effects［效果］选项卡

在Effects［效果］选项卡中，可以为材质设置一些杂项效果。该选项卡中的项目主要控制Diffuse［漫反射］、Ambient［环境光］、Luminous［自发光］和Contrast［对比度］等参数，如图6.014所示。

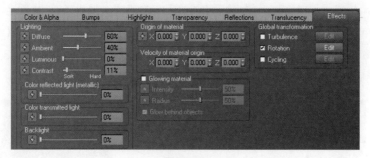

图6.014

6.2.9 Environment［环境］选项卡

如果当前材质处于层材质的非最底层时，Environment［环境］选项卡才会出现，它的主要作用是控制环境如何影响当前层。

在该选项卡中，可以为材质设置一些杂项效果。该选项卡中的项目主要控制Altitude constraint［海拔约束］、Slope constraint［坡度约束］和Orientation constraint［方向约束］等参数，如图6.015所示。

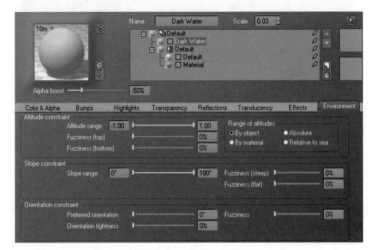

图6.015

6.3 混合材质选项卡简介

前面提到的是简单材质的几个选项卡，如果该材质属于混合材质，那么其下方的选项卡就会与简单材质的选项卡不同。

▶▶▶ 注释信息

混合材质不能混合体积材质和生态材质。

6.3.1 Material to mix［混合材质］选项卡

在Material to mix［混合材质］选项卡中，可以设置材质1和材质2如何分布。默认情况下，系统是利用灰度程序贴图作为蒙版，来分配这两个子材质，如图6.016所示。如有特殊情况，系统会使用过滤器，来进一步控制灰度程序贴图黑白之间是如何过渡的，从而影响材质分配。

而在Material mixing method［材质混合方式］参数组中，提供了5种材质混合方式供读者选择，包括Simple blend［简单混合］、Full blend（linear bumps）［完全混合（线性凹凸）］、Full blend（cubic bumps）［完全混合（立方凹凸）］、Cover［覆盖］和Color & lighting blend only［颜色和高光混合］。

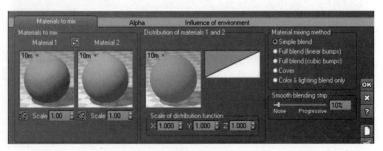

图6.016

6.3.2 Influence of environment［环境影响］选项卡

Influence of environment［环境影响］选项卡是用海拔、坡度和方向来定义材质分布，如图6.017所示。最左侧参数组是用海拔来影响材质分布。滑块值为0时，不影响材质分布，而材质为100时，可以使材质2更频繁地出现在高海拔或者低海拔的地方；中间参数组是用坡度来影响材质分布。滑块值为0时，不影响材质分布，而材质为100时，可以使材质2更频繁地出现在陡坡或者平地上。最右侧参数组是用方向来影响材质分布；滑块值为0时，不影响材质分布，而材质为100时，可以使材质2更频繁地出现摄影机的视野中。

图6.017

6.4 体积材质选项卡简介

前面提到的是简单材质和混合材质的几个选项卡，如果该材质属于体积材质，那么其下方的选项卡也会与前两种材质的不同。

体积材质一般用来模拟烟火焰、气流、云层等。第一眼看到体积材质的选项卡，是由两个选项卡组成，实则不然。当读者编辑不同的云材质时，选项卡会略有不同。而且，不同的大气照明模式，选项卡也会有所不同。

6.4.1 Color & Density［颜色和密度］选项卡

在Color & Density［颜色和密度］选项卡中，可以设置很多材质的体积选项，如Volumetric color［体积颜色］、Overall density［全局密度］、Fuzziness［绒毛化］和Quality boost［提高质量］等参数，如图6.018所示。

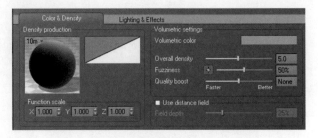

图6.018

6.4.2 Lighting & Effects［灯光和效果］选项卡

在Lighting & Effects［灯光和效果］选项卡中，可以设置体积材质的Lighting model［照明模式］、Flare［光斑］、Origin of material［材质原点］、Velocity of material origin［材质原点速度］和Global transformation［全局变换］等参数，如图6.019所示。

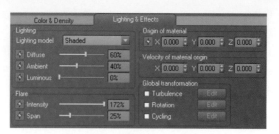

图6.019

6.5 生态材质选项卡简介

6.5.1 生态系统简介

EcoSystem［生态系统］材质是Vue最强大的功能之一，如果想熟练使用该功能，就需要使用者对生态系统的生成原理有一定的了解。在Vue中，生态系统使用两种特殊的成像方式，下面我们就来分析一下生态系统的原理。

- 固态立体成像：把一个对象360°立体快照，再把这些照片贴到一个简易模型上。这样，可以实现大规模种植，而且还不受观察角度的限制。这些个体的简易模型就是我们后面要提及的"实例"。

- 动态立体成像：将某个导入的带有动画的对象（不是所有软件做的动画对象都可以）在Vue软件中存储为.vob文件，再导入到生态系统材质中作为"动态实例"，最后记录动画关键帧，这就是"动态实例"。

本章我们要学习的是生态系统材质，这是分布生态系统到场景的一种常用方式。当然我们还可以使用其他生态系统工具来分布实例，如手工绘制。生态系统材质比较适合大规模分布实例。例如，把整个地形种上树木、石头或草等。如果读者喜欢，还可以在公路分布多辆飞驰的汽车。这是材质性质的生态系统，分布方式一般是随机分布，也可以自定义控制分布。

6.5.2 General［全局］选项卡

在General［全局］选项卡中，可以设置需要分布的生态系统类型，如花、草和树等。还可以设置生态系统的EcoSystem population［生态系统种植］和Unyeilding material［坚硬材质］、Display option［显示选项］和Distribution［分布］等参数，如图6.020所示。

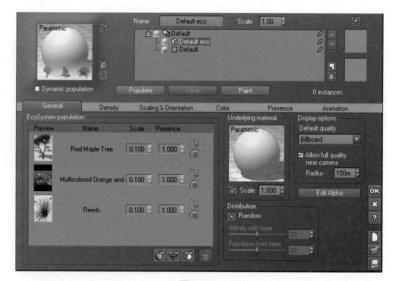

图6.020

6.5.3 Density［密度］选项卡

在Density［密度］选项卡中，可以设置关于生态系统密度的相应项目。其中包括Overall density［整体密度］、Placement［放置］、Offset from surface［与生长表面偏移］、Variable density［密度可变］、Decay near foreign objects［在导入模型的附近衰减］和Slope influence［斜坡影响］等参数，如图6.021所示。

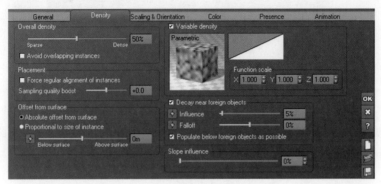

图6.021

6.5.4 Scale & Orientation［缩放和方向］选项卡

在Scale&Orientation［缩放和方向］选项卡中，可以设置生态系统缩放和方向，其中比较重要的参数，如Overall scaling［整体缩放］、Maximum size variation［最大尺寸变化］、Direction from surface［相对生长表面的方向］、Rotation［旋转］、Variation scaling［可变缩放］和Function scale［节点缩放］、Shrink at low densities［在低密度处收缩］和Lean out at low density［在低密度处外靠］等参数，如图6.022所示。

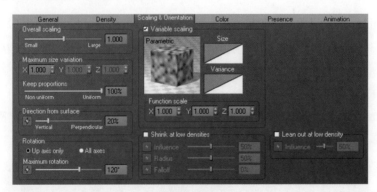

图6.022

6.5.5 Color［颜色］选项卡

在Color［颜色］选项卡中，可以设置生态系统的颜色选项，其中比较重要的参数，如Color correction［颜色校正］、Color at low densities［低密度处颜色］、Variable color［可变颜色］、Function scale［节点缩放］和Influence of variable color［可变颜色影响］等，如图6.023所示。

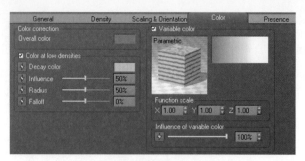

图6.023

6.5.6 Presence［**存在率**］选项卡

在Presence［存在率］选项卡中，可以在具有一定海拔高度和斜坡角度的场景中设置生态系统。其中比较重要的参数，如Altitude constraint［海拔约束］、Slope constraint［斜坡约束］、Orientation constraint［方向约束］等，如图6.024所示。

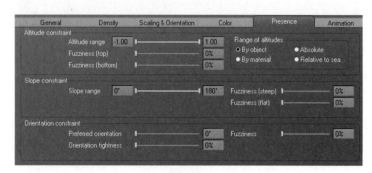

图6.024

6.5.7 Animation［**动画**］选项卡

在该选项卡中，可以设置具有动画功能的生态系统所发生的相位变化，如图6.025所示。场景中至少有一个包含动画信息的生态系统存在时，该选项卡才可见，这对于创建真实的动画非常有用，而且动画的偏移还可以通过Function功能来进行更深层次的控制。其中比较重要的参数有Variable time offset［可变时间偏移］开关、Time Offset Range［时间偏移范围］、Looping animation phasing［动画相位循环］等。

图6.025

07 节点编辑器

7.1 节点编辑器简介

在Vue软件中，函数、滤镜和颜色图占有非常重要的地位，而它们的基本组成元素，叫做Function［节点］。使用节点可以进入Vue系统内部进行更深入地编辑工作，所以说节点就是Vue中最高级、也是最难的部分。

这些节点全部包含于函数、滤镜和颜色图中。在Vue中，读者可以进入节点编辑器，通过各种节点来编辑多种函数、滤镜和颜色图。在默认的工具和功能不能满足我们的制作要求时，使用节点可以使作品达到一个新的高度。

那么如何打开节点编辑器呢？读者可以使用鼠标右键单击函数的预览图片，在弹出的菜单中选择Edit Function［编辑节点］命令，就会弹出节点编辑器。

而节点编辑器到底是由什么组成的，它的工作原理又是什么呢？

首先，函数编辑器中比较重要的组成部分有3个：输入节点、节点和输出节点，这3个组成部分就是节点编辑器的最核心组成部分。一般比较专业的软件基本上都是节点编辑方式，如Nuke、DF、Houdini。请读者注意，节点之间的运算在普通软件中属于后台操作，是看不到的，也可以理解为软件的暗箱操作。但是这个过程在Vue中是可以看到且能够编辑的。

如图7.001所示，就是Vue节

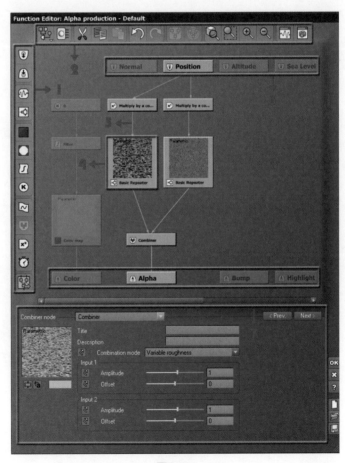

图7.001

点编辑的窗口，其中比较重要的部分都以数字进行了标记，下面列出了每个标识部分对应的名称和作用。

1．节点工具   2．工具栏

3．默认输入节点（不能删除）   4．节点

5．连接线   6．默认输出节点（不能删除）

7．节点参数设置面板

↘ ↘ ↙ 注释信息

（1）标记3和6的两种节点是不能上下调换位置的，但是可以左右调换位置。

（2）在标记8对应的位置用鼠标右键单击，就可以选择一个位置来创建节点，而右击会出现右键菜单。

（3）标记7的区域，在选择不同的节点时，显示出的可设置参数也不同。

7.1.1 工具栏简介

节点编辑器的顶部是工具栏，用来进行常用的基本操作。节点编辑器的最左侧是节点工具，列出了Vue中的常用节点，如图7.002所示。

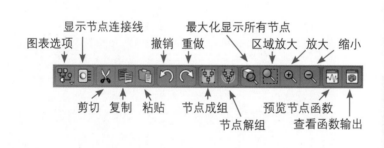

图7.002

7.1.2 连接线简介

节点之间的连线的颜色有很多种，不同颜色的连线代表传输不同的数据类型：蓝色连接代表数字、绿色连接代表色彩信息、紫色连接代表纹理坐标、红色连接代表向量数据、灰色连接表示默认类型的数据，如图7.003所示。

7.1.3 数据类型简介

在节点编辑器中编辑节点时，需要读者首先熟悉以下可编辑的数据类型：Number［数字］、Color［颜色］、Texture Coordinates［纹理坐标］、Vector［向量］，如图7.004所示。

7.1.4 节点操作简介

下面再来看一下节点的基本操作方法。

1. 选择节点

用鼠标左键点选节点或连接线，如果配合键盘的Shift键可进行加选或框选，可以同时移动所选择部分的位置。被选择的节点外圈有红框，被选择的连接线将加粗加亮显示。如果被选择的函数有多个输出端，所有与主输出端连接的节点文字将加粗显示，而其他节点将以白色显示。

2. 添加/替换/删除节点

用鼠标左键单击空白处，会自动出现一个红框，此时添加一个节点，该节点将被放在所选位置上，如图7.005所示。

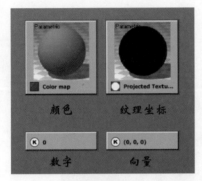
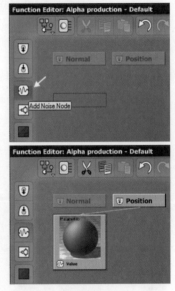

图7.003　　　　　　　　　图7.004　　　　　　　　　图7.005

用鼠标左键点选需要替换的节点，再单击需要添加的节点图标，系统会自动新建一个新节点或更换已有节点（有的节点可以被替换，有的则不能），如果需要替换的节点已经连接到某个其他节点上，则系统将尝试插入特定的兼容节点；如果没有可兼容的节点，系统会询问使用者是否要断开原有连接，如图7.006所示。

图7.006

如果想要删除某个节点，首先需要选择该节点，然后按下键盘的Delete键删除该节点。

3. 连接节点

当读者选择某节点的连接线往另一个节点上拖动时，所有能兼容节点的节点底部会自动弹出一个小圆圈，提示读者可以连接，如图7.007所示。

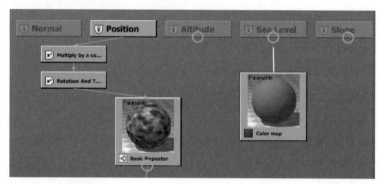

图7.007

但是在某些情况下，一个小X可能会出现小圆圈中心，提示读者两者可能不适合连接，如果强制连接的话，系统会自动弹出警告提示。

要删除节点的连接关系，可选择连接线，按下键盘的Delete键即可。

4. 查看函数输出

选择要预览的输出节点，然后按查看函数输出图标。如果该图标为橙色，在下次打开函数编辑器时，查看函数输出对话框将自动显示，如图7.008所示。该面板的大小可自由调整。

图7.008

▶▶▶ **注释信息**

预览内容取决于函数用于材质
还是对象。

上述这些设置在日常工作中非常实用。例如，材质层级非常复杂时，使用者自身都很容易混乱，这时适当成组和做标注就是很实用的工作技巧。

7.2　Noise Node［噪波节点］

在Vue中，提供给使用者一系列可循环的噪波和分形节点。"可循环"意味着一张大的贴图，不必由很多不同图案的小贴图拼接完成，而只要使用一张可循环的小贴图，周期性地对其在所有轴向进行重复拼接即可。

这种节点的优势在于：在整幅图案临近的边处没有接缝。该优势适用于所有的噪波和分形节点。不同的噪波节点可以产生不同的图案，灵活组合各种噪波节点，可以得到如多孔图案、线性图案、数学图案和平铺图案等。以上这些图案可以模拟自然界的各种随机纹理。

各种噪波节点都提供了3个参数：Scale［缩放］、Wavelength［波长］和Origin［原点］。

7.2.1 Cellular Patterns［**细胞图案**］节点

细胞图案节点是由7个节点组成，可以模拟泡沫状、蜂窝状和龟裂状的图案，如图7.009所示。

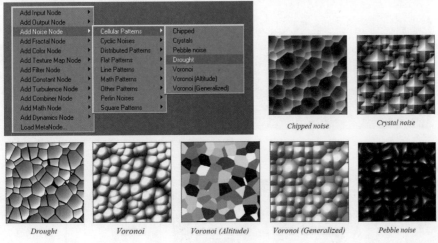

Chipped noise　　*Crystal noise*

Drought　　*Voronoi*　　*Voronoi (Altitude)*　　*Voronoi (Generalized)*　　*Pebble noise*

图7.009

7.2.2 Cyclic Cellular Patterns［**循环细胞图案**］节点

循环细胞图案节点与Noise［噪波］其他类型的节点基本一致，只是图案可循环，并无其他区别，如图7.010所示，所以读者只要参考Noise［噪波］的其他类型节点即可。

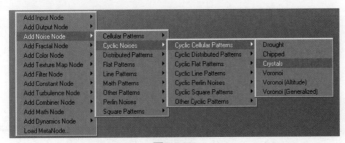

图7.010

7.2.3 Distributed Pattern［**分布图案**］节点

分布图案节点是由4个节点组成，这些节点可以在其空间内，通过随机分配基本形状来生成图案，如图7.011所示。

◥◥◥ 注释信息

这类节点形成的图案计算比较缓慢，建议读者尽量使用其他2D贴图来替代。

7.2.4 Flat Patterns［**平铺图案**］节点

平铺图案节点是由3个节点组成，使用这些节点可以生成相应的平铺图案。由于生成的图案有比较锐利的边缘，所以在处理凹凸的时候不太方便，如图7.012所示。

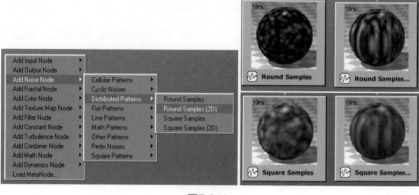

图7.011

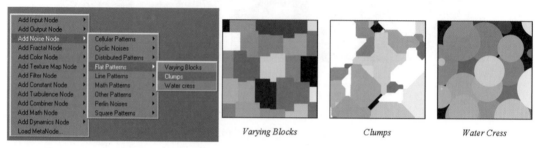

图7.012

7.2.5　Line Patterns［线性图案］节点

线性图案节点是由4个节点组成，使用这些节点生成的线性图案，大部分是由线条组成的，如图7.013所示。在控制参数中可以调节的只有线条宽度（裂缝宽度）。

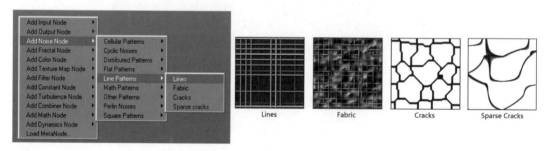

图7.013

7.2.6　Math Patterns［数学图案］节点

数学图案节点是由15个节点组成。数学图案的概念：由数学函数定义的具有规律性的图案，也可以用于组合其他的噪波图案，来生成更复杂、更灵活的图案类型，如图7.014所示。

7.2.7　Other Patterns［其他图案］节点

其他图案节点是由4个节点组成，由于它们的类型比较特殊，所以并没有合适的集合放置它们，所以就独立出来组成了一个集合，如图7.015所示。

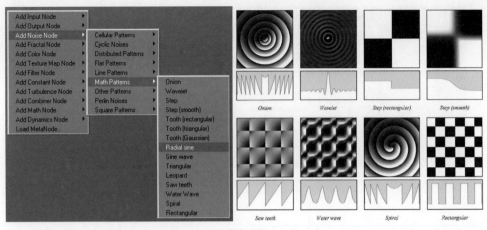

图7.014

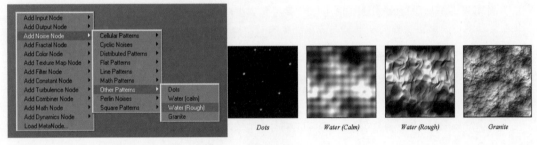

图7.015

7.2.8　Perlin Noise［**花边噪波**］**节点**

花边图案节点是由9个节点组成，这些节点大致可分3类：Linear［线性］、Value［数值］和 Gradient［渐变］。它们都可以创造出重复的随机图案，是大部分程序化纹理的实现基础，如图 7.016所示。

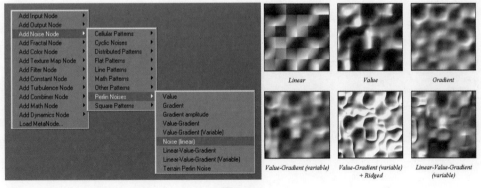

图7.016

7.2.9　Square Patterns［**方形图案**］**节点**

方形图案节点是由9个节点组成，由于它们生成图案的基本元素都是方块，所以被称为方形图 案，如图7.017所示。

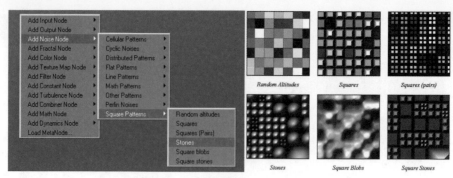

图7.017

7.3 Fractal Node［分形节点］

下面再来讲解一下Fractal Node［分形节点］类型中的各个节点，它们与噪波节点是有联系的。简单地说，分形节点是以不同频率和振幅重复基本噪波。

各种分形节点都提供了8个共有参数：Base noise［基本噪波］、With rotation［伴旋转］、Wavelength［波长］、Origin［原点］、Largest feature［最大特性］、Roughness［粗糙度］和Gain［增益］。

这些节点主要分为两类，一类是Cyclic Fractal［循环分形］，其中包含4个子节点，还有一类是其它的11个子节点。

7.3.1 Cyclic Fractal［循环分形］节点组中的子节点

Cyclic Fractal［循环分形］节点是由4个子节点组成，分别是Simple Fractal［简单分形］、Animated Simple Fractal［动画简单分形］、Grainy Fractal［木纹分形］和Terrain Fractal［地形分形］，如图7.018所示。

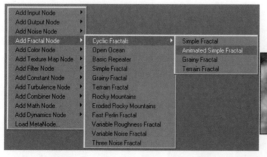

图7.018

7.3.2 Fractal Node［分形节点］中的其余节点

除了Cyclic Fractals［循环分形］节点组之外，还提供了以下11个子节点。

- Open Ocean［开阔海洋］
- Basic Repeater［基础重复］
- Simple Fractal［分形］
- Grainy Fractal［木纹分形］
- Terrain Fractal［地形分形］
- Rocky Fractal［岩石分形］
- Eroded Rocky Mountain［侵蚀岩石分形］
- Fast Perlin Fractal［快速花边分形］

- Variable Noise Fractal［可变噪波分形］
- Three Noise Fractal［三噪波分形］
- Variable Roughness Fractal［可变粗糙分形］

其中Open Ocean［开阔海洋］节点适合模拟一望无际的简单海洋水面，但是不会考虑周围的任何物体，如果用该节点来模拟程序化地形的高度会得到非常好的效果。

7.4　Color Node［颜色节点］

下面再来看一下Color Node［颜色节点］类型中的各个节点，这些节点主要分为3类，第一类是Color Correction［颜色校正］中包含的9个子节点；第二类是MetaNodes［元节点］中包含的4个子节点；还有一类是其他的12个子节点。

所有颜色节点都输出颜色。根据节点类型，可转化数值为颜色（颜色生成节点），或者转化一种颜色为另一种颜色（颜色校正节点）。

7.4.1　Color Correction［颜色校正］节点组中的子节点

Color Correction［颜色校正］节点组是由9个子节点组成，其中包括Gamma［伽马］、Gain［增益］、Brightness［亮度］、Contrast［对比度］、HLS Shift［HLS转换］、HLS Color Shift［HLS颜色转换］、Filter［过滤］、Perspective［透视］和Color Blending［颜色混合］，如图7.019所示。

7.4.2　MetaNodes［元标签］节点组中的子节点

在MetaNodes［元标签］节点组中包括3 Color-Bump Variation［三种颜色-凹凸差异］、4 Color Variation［4种颜色差异］、Bark Generator［树皮生成器］和Grainy 2 Color Production［双色木纹］，如图7.020所示。

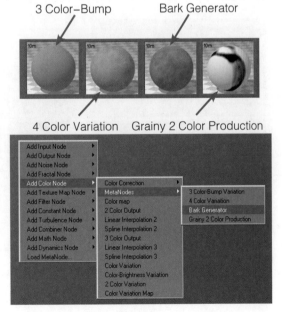

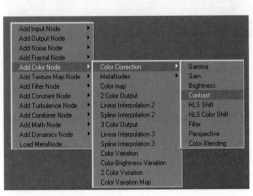

图7.019　　　　　　　　　　　图7.020

7.4.3　其他子节点

其它子节点依次是Color map［颜色贴图］、2 Color Output［两种颜色输出］、Linear Interpolation 2［两种颜色线性插值］、Spline Interpolation 2［两种颜色曲线插值］、3 Color Output［三种颜色输出］、Linear Interpolation 3［三种颜色线性插值］、Spline Interpolation 3［三种颜色曲线插值］、Color Variation［颜色差异］、Color-Brightness Variation［颜色-亮度差异］、2 Color Variation［两种颜色差异］和Color Variation Map［颜色差异贴图］，效果如图7.021所示。

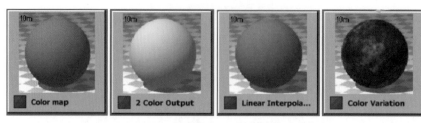

图7.021

7.5　Texture Map Node［纹理贴图节点］

Texture Map Node［纹理贴图节点］类型中共提供了8个节点。这类节点的作用是将图片映射到物体上。创建纹理贴图节点时，系统将自动创建一个UV坐标节点，并连接到该节点的输出。可以使用UV坐标节点来定义图片映射到物体上的方式。

Texture Map［纹理贴图］节点组是由9个子节点组成，其中包括Texture Map［纹理贴图］、Projected Texture Map［映射纹理贴图］、Animation Map［动画贴图］、Projected Animation Map［映射动画贴图］、Blend Image［混合图像］、Blend Grayscale Image［混合灰度图像］、Image Sample［图像采样］和Multi-Image Sample［多图像采样］，如图7.022所示。

图7.022

7.6　Filter Node［过滤节点］

下面再来看一下Color Node［颜色节点］类型中的各个节点。这些节点主要分为4类。第一类是Environment Sensitive［环境敏感］，包含6个子节点；第二类是Perspective［透视］，包含3个子节点；第3类是MetaNodes［元标签］，包含4个子节点；最后一类是其他类型，包含12个子节点。

7.6.1　Environment Sensitive［环境敏感］节点组中的子节点

Environment Sensitive［环境敏感］节点组是由6个子节点组成，其中包括Altitude［海拔］、Slope［斜坡］、Altitude and Slope［海拔和斜坡］、Orientation［方向］、Environment［环境］和Patches［面片］，如图7.023所示。

7.6.2　Recursive［递归］节点组中的子节点

Resursive［递归］节点组是由3个子节点组成，其中包括Strata［层］、Confined Strata［窄层］和3D Stratification［3D阶层］，如图7.024所示。

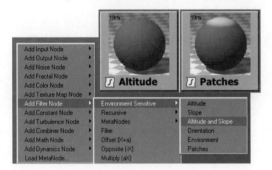

图7.023

图7.024

7.6.3　其他节点

这里所说的其他节点是由28个子节点组成，其中包括MetaNodes［元标签］、Filter［标准滤镜］、Offset（X+a）［X+a偏移］、Opposite（-X）［相反值］、Multiply（aX）［乘以a］、Divide（X/a）［除以a］、Partial Filter［局部滤镜］、Brightness-Contrast（a X+b）［亮度与对比度（a X+b）］、Parabolic（aX+bX+c）［抛物线aX+bX+c］、Absolute［绝对值］、Gamma［灰度］、Bias［偏移］、Gain［增益］、Power［幂］、Gaussian［高斯］、Floor［基数］、Ceiling［对比度］、Clamp［限定］、Clip［剪切］、Smooth Clip［平滑剪切］、Map［映射］、Quantize［量化］、Saw wave［锯齿波］、Absolute wave［绝对波］、Sine wave［正弦波］、Threshold［阈值］、Smooth Threshold［平滑阈值］和Area Demarcation［区域划分］，如图7.025所示。

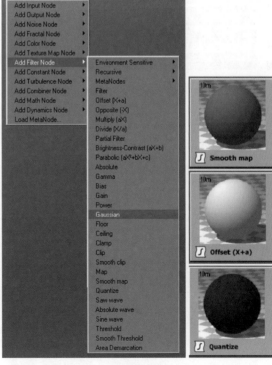

图7.025

7.7　Constant Node［常量节点］

Constant Node［常量节点］主要分为两类，第一类是Connectable Constant［可连接常量］中包含的4个子节点；第二类是其他的6个子节点，如图7.026所示。

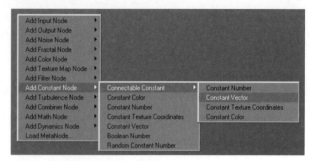

图7.026

7.7.1　Constant Node［常量节点］节点组中的子节点

Constant Node［常量节点］节点组是由4个子节点组成，其中包括Constant Number［常量数值］、Constant Vector［常量向量］、Constant Texture Coordinates［常量贴图坐标］和Constant Color［常量颜色］，如图7.027所示。

7.7.2　其他节点

其他的6个节点包括Constant Color［常量颜色］、Constant Number［常量数值］、Constant Texture Coordinates［常量贴图坐标］、Constant Vector［常量向量］、Boolean Number［布尔数值］和Random Constant Number［随机常量数值］，如图7.028所示。

图7.027

图7.028

7.8　Turbulence Node［湍流节点］

Turbulence Node［湍流节点］类型和Fractal Node［分形节点］非常类似，主要的区别是，前者主要用来处理三维向量，而后者只能处理二维向量。

Turbulence Node［湍流节点］类型包含3个节点：Simple Turbulence［简单湍流］、Vue 4 Style Turbulence［Vue 4样式湍流］和Advanced Turbulence［高级湍流］，如图7.029所示。

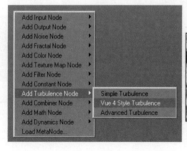

Simple Turbulence　　Vue 4 Style Turbulence　　Advanced Turbulence

图7.029

7.9 Combiner Node［组合节点］组

Combiner Node［组合节点］组可以将几个输入结合起来形成单一输出。颜色组合节点只能进行颜色运算，Combiner［组合］节点只能进行数值运算。大部分组合节点可以接受任何类型的输入，但是要求输入的数据类型必须相同。当读者设置了第一个输入数据之后，系统就会就自动锁定了其他输入的数据类型。

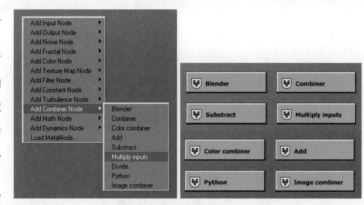

图7.030

Combiner Node［组合节点］组类型包含8个节点：Blender［混合］节点、Combiner［组合］节点、Color Combiner［颜色组合］节点、Add［加法］节点、Substract［减法］节点、Multiply inputs［乘法输入］节点、Python［语言］节点和Image combiner［图像组合］节点，如图7.030所示。

7.10 Math Node［数学节点］组

Math Node［数学节点］组可以在节点之间进行与数学有关的各种运算，这些节点主要分为五类。第一类是Conversion［转换］中包含的5个子节点；第二类是Randomness［随机］中包含的3个子节点；第三类是Trigonometry［三角法］中包含的6个子节点；第四类是Vector Operation［矢量操作］中包含的21个子节点；最后一类是Other［其他］的15个子节点。

7.10.1 Conversion［转换］节点组中的子节点

Conversion［转换］组类型包含5个节点。该类节点可以在矢量与颜色之间进行转化，也可以在颜色、亮度、饱和度，以及色调之间进行转换。其中包括Color to Brightness［颜色到亮度］节点、Vector To Vector［矢量到矢量］节点、RGB To Vector［RGB到矢量］节点、RGB To HLS［RGB到HLS］节点、HLS To RGB［HLS到RGB］节点，如图7.031所示。

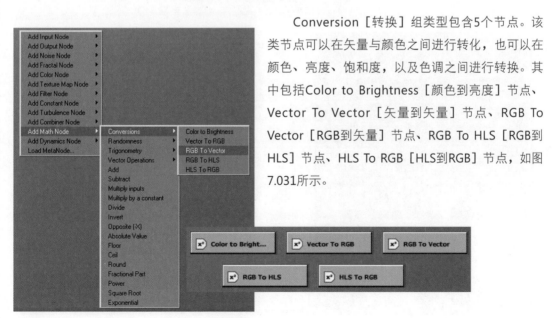

图7.031

7.10.2　Randomness［随机］节点组中的子节点

Randomness［随机］组类型包含3个节点。该类节点可以为二维矢量、三维矢量和标量进行随机取值。其中包括Vector3 Seed［三维矢量种子值］节点、Vector2 Seed［二维矢量种子值］节点和Scalar Seed［标量种子值］节点，如图7.032所示。

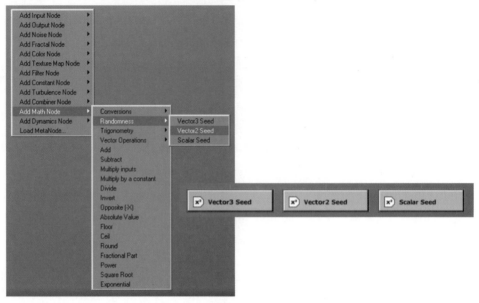

图7.032

7.10.3　Trigonometry［三角法］节点组中的子节点

Trigonometry［三角法］组类型包含6个节点。该类节点可以进行数学中的三角函数运算，如正弦、余弦、正切等，其中包括Cosine［余弦］节点、Sine［正弦］节点、Tangent［正切］节点、Arc Cosine［反余弦］节点、Arc Sine［反正弦］节点和Arc Tangent［反正切］节点，如图7.033所示。

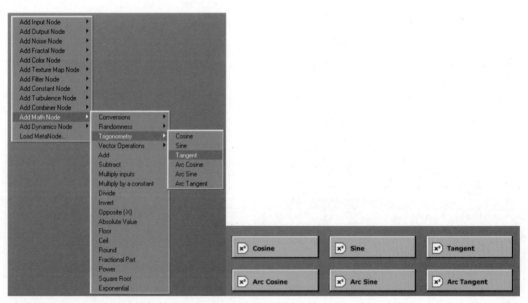

图7.033

7.10.4 Vector Operation [矢量操作] 节点组中的子节点

Vector Operation [矢量操作] 组类型包含21个节点。该类节点都是基于矢量运算的各种节点，它们设置起来都比较简单，但是理解定义和掌握运算尤为重要。

这些节点包括Offset [偏移] 节点、Offset (separate parameters) [偏移（分离参数）] 节点、XYZ Product [XYZ产品] 节点、XYZ Product (separate parameters) [XYZ产品（分离参数）] 节点、Rotate And Twist [旋转和扭曲] 节点、Orientation Rotation [定向旋转] 节点、Orientation to Direction [定向到方向] 节点、Direction to Orientation [方向到定向] 节点、Projection [投影] 节点、Projection onto a plane(aX+bY+cZ=0) [投影到平面(aX+bY+cZ=0)] 节点、Matrix Transformation [矩阵变换] 节点、Decomposer 3 [分解3] 节点、Decomposer 2 [分解2] 节点、Length [长度] 节点、Normalize [规格化] 节点、Dot Product [点产品] 节点、Vector Product [矢量产品] 节点、Composer 3 [调节3] 节点、Composer 2 [调节2] 节点、Axis permulations [轴交换] 节点、RGB to Normal [RGB到法线] 节点和Vector Quantization [矢量量子化] 节点，如图7.034所示。

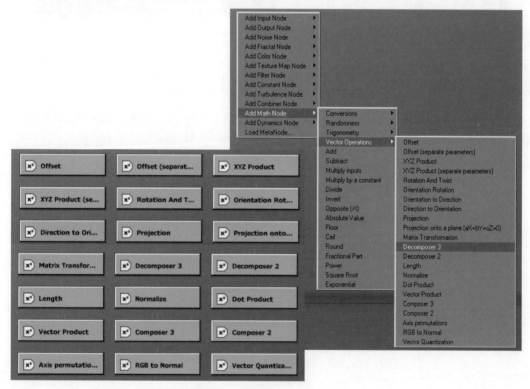

图7.034

7.11 Dynamics Node [动态节点]

下面再来看一下Dynamics Node [动态节点] 类型中的各个节点。这些节点包括Link Relationship [连接关系] 节点、Track Relationship [跟踪关系] 节点、Derivative [派生] 节点、Integral [积分] 节点、Delay [延迟] 节点、Simple Controller [简单控制器] 节点、PID Controller [微积分控制器] 节点、Speed Limiter [速度限制器] 节点、Acceleration Limiter [加

速限制器］节点、Low Pass［低通］节点、Distance Constraint［距离限制］节点、Axis Constraint［轴向限制］节点和Grid Constraint［栅格限制］节点，如图7.035所示。

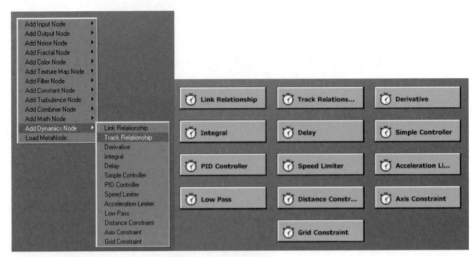

图7.035

7.12　Load MetaNode［调入节点］

最后是Load MetaNode［调入节点］节点，它的作用是调入之前保存的全套节点图表或者部分节点图表，这个功能是非常强大的，如图7.036所示。读者可以将之前做好的节点图表保存起来，然后可以在之后的场景制作中调入进来，提高了制作效率，减少了重新制作节点所耗费的时间。

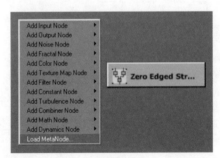

图7.036

08 动画

在本章中，我们要讨论Vue的动画功能。随着软件版本的不断升级，Vue的动画功能也逐步加强，现在已经升级为了一款强大的环境动画制作软件。

8.1 创建动画

1．在Vue10中如果要制作动画，首先需要选择要动画的对象，然后在动画属性选项卡中选择动画类型。

2．使用动画向导，只要按照向导的指示就能轻松完成动画设置。

3．配合时间表为对象指定所需的动画。

8.1.1 动画选项卡

在场景中选择要动画的对象后，在此选项卡中选择一种运动类型，动画精灵将弹出并帮助用户设置动画，如图8.001所示。

禁止动画：单击该图标，或者从下拉列表中选择Not animated［无动画］选项，这样能摧毁对象的动画（会提示"所有动画数据将丢失"）。

拾取跟踪对象：用鼠标右键单击该图标，系统会自动弹出动态选项对话框。

拾取链接对象：单击该按钮，拾取需要链接的对象。用鼠标右键单击会弹出动态选项对话框。

动画工具箱：单击该图标将显示动画工具箱对话框。在该工具箱可中，可以详细调整对象的各项动画参数。

8.1.2 动画预设选项

系统提供的动画预设选项如图8.002所示，包括以下几项。

Standard［标准］：设置对象的运动为匀速。路过对象时，可能速度会有突然的变化。

Smoothed［匀速］：除了系统会自动进行速度处理，基本上与标准相同。能确保顺利加速/减速。

其余的动画预设还有Look ahead［注视］、Airplane［飞机］、Helicopter［直升机］、Missile［导弹］、Automobile［汽车］、Motorcycle［摩托车］、

图8.001

图8.002

Pedestrian［行人］、Speedboat［快艇］、Synchronized［同步］。

8.1.3 跟踪对象

为对象设置好动画方案后，可以从Track［跟踪］下拉列表中选择需要跟踪的父对象，也可以单击［拾取跟踪父对象］按钮，在视图中拾取要跟踪的父对象。观察图8.003中植物的方向，在第0帧和第80帧随着岩石的位置变化而产生旋转变化。

图8.003

8.1.4 链接到对象

为对象设置好动画方案后，可以在Link to［链接到］下拉列表中选择需要链接的父对象。也可以单击［拾取链接父对象］图标，然后在视图中拾取需要链接的父对象，如图8.004所示。

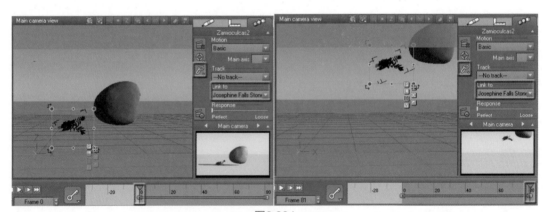

图8.004

8.2 动画向导

8.2.1 动画向导设置

使用动画向导可以使动画制作变得异常方便和快捷，不管用户是否用过三维动画软件，使用动画向导都可以让使用者在短时间内完成复杂的动画设置，如图8.005所示。

要使用动画向导，必须先调出动画向导。调出动画向导有多种方法，其中比较常用的方法如下。

1．通过菜单命令Display＞Timeline＞Show Timeline［显示＞时间线＞显示时间线］调出动画向导。

2．定义对象为哪种运动类型时，会自动调出动画向导。

3．选择已经定义好动画的对象，单击动画工具箱中的动画向导按钮。

图8.005

▶▶▶ **注释信息**

开启动画向导时，对象的名称将显示在动画向导窗口的标题栏上。如果同时选中多个动画对象，则自动显示第一个对象的名称。如果没有选定动画对象，动画将应用到摄影机上。

调出动画向导窗口后，主要通过以下几个步骤设置动画。

1．首先显示出动画向导的信息，如重新创建动画时是否显示向导。

2．为对象分配动画类型，如匀速、飞机和导弹等。

3．全局动画设置，可以选择如何影响对象的运动，如一次、循环等。

4．高级效果，可启用和配置自动画效果，如旋转和震动等。

5．绘制运动对象的路径，可以为路径曲线添加点、编辑点和删除点等。

6．动画设置，只需要输入对象动画的持续时间，该向导将自动匹配至路径，以便在要求的时间内完成动画。

7．动画预览，如果对动画效果不满意，可以返回到上一步继续修改运动路径。

8．结论，这是最后一步，除了阅读摘要信息以外，不需要做什么了。当关闭该向导，时间表就会出现在屏幕的最下方，可以使用它来微调动画。

8.2.2 关键帧动画

除了使用动画向导，也可以通过手调关键帧的方式来制作动画。

事实上，使用动画向导来制作动画，很多Vue中高级的动画功能是无法接触到的。如果想要得到更加精确的动画效果，手调关键帧是一个非常不错的选择。

下面我们就来看一下，手调关键帧时常用的一些基础操作：

1. **移动关键帧**

单击时间轴上的关键帧可以选择关键帧；单击时间轴的空白处将取消已选择的关键帧；在时间轴的空白处按住鼠标可框选多个关键帧。

2. **移动关键帧**

选择需要移动的单个关键帧，按住鼠标左键将其拖动到所需的位置释放鼠标。按住鼠标框选多个关键帧，用鼠标手动拖曳移动任意一个所选的关键帧，其他所选的关键帧将一同移动。

3. 自动添加关键帧

当自动关键帧 启用时（默认），每次修改都会自动添加一个关键帧。

4. 手动添加关键点

如果自动关键帧被禁用，在需要添加关键帧的位置，单击添加关键帧按钮，手动添加一个关键帧。

5. 复制/粘贴关键帧

选择需要复制的关键帧，再按键盘的Ctrl+C快捷键来复制一个或多个关键帧。拖动时间滑块到一个新的位置，然后按键盘的Ctrl+V快捷键粘贴一个或多个关键帧。

6. 删除关键帧

选择一个或者多个关键帧，然后按键盘的Delete键删除关键帧。

此外，还可以通过菜单命令进行关键帧的添加、删除、复制、粘贴与移动操作，如图8.006所示。

7. 修改关键帧的值

首先选择需要调整数值的关键帧，然后设置该关键帧对应的新值。例如，要修改一架摄影机的路径，将时间滑块移动到需要调整数值的关键帧的位置，然后在视图中拖动摄影机到新的位置，如图8.007所示。

图8.006

图8.007

8. 关键帧切线类型

用户可以自定义关键点的切线类型，方法就是控制位于关键帧左右两侧的切线。调节方法与在其他三维软件中调节关键帧曲线没有任何区别：用鼠标右键单击关键帧，在自动弹出的菜单中重新指定或者切换切线类型，如图8.008所示。值得一提的是，用户也可以在视图中更改切线的形状。

关键帧切线类型：

- Smooth(Constant) 平滑［常数］
- Smooth(Weighted)［平滑（权重）］
- Ease In/Ease Out［缓入/缓出］
- Linear［线性］
- Step［阶跃］
- Custom［自定义］

定义关键帧的切线模式：

- Smooth In(Constant)［平滑缓入（常数）］
- Smooth(Weighted)［平滑（权重）］
- Smooth Out(Constant)［平滑缓出（常数）］
- Smooth Out(Weighted)［平滑缓出（权重）］
- Linear Out［线性缓出］

- Linear In［线性缓入］
- Ease In［缓入］
- Custom In［自定义缓入］
- Ease Out［缓出］
- Custom Out［自定义缓出］

9. 在视图中编辑路径

如果在场景中选择了设置好对象的物体之后，在该对象的运动路径上有若干个小白圈，当点选这些小白圈时，小白圈会变成小黄圈，可以用鼠标手动调节这些小黄圈的位置，如图8.009所示。

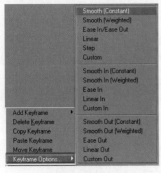

图8.008

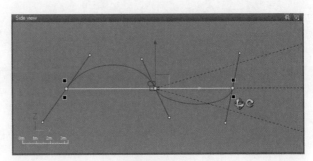

图8.009

10. 动画地形

首先新建一个关键帧，移动时间滑块至某时间处，打开地形编辑器，修改地形海拔或地形的高度，然后按下确定按钮，最后再手动创建一个关键帧。

如图8.010所示，我们在不同的时间段，在地形编辑器中，使用笔刷对地形的海拔进行了绘制，这样就轻松地制作出了地形变形的动态效果。

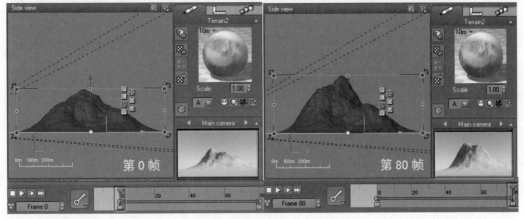

图8.010

11. 动画植物

通过设置大气编辑器中风选项卡中的各项参数，来制作风吹植物的动画效果。还可以直接修改对象属性面板的参数，以实现对植物的外形和材质制作动画的效果。如图8.011所示，就是在不同的时间段对植物主茎的长度和宽度制作了动画，并且对叶子的长度和宽度也制作了动画。

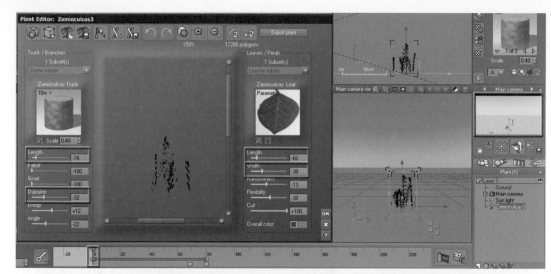

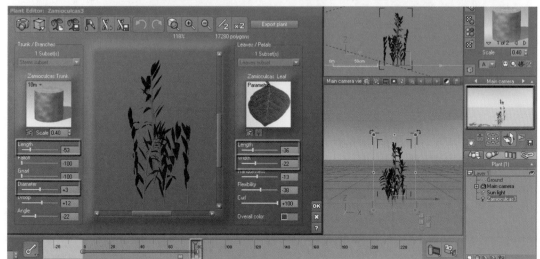

图8.011

12. 单一材质参数动画

单一材质参数动画与其他3D软件相同，可以记录单一材质的任意参数动画（如材质的漫反射颜色）。如图8.012所示，显示出在不同的时间段对石头材质的漫反射颜色制作动画的效果（由灰色变成绿色）。

13. 材质变化动画

可以很轻松地为对象指定由某一时间段的一种材质变化为另一时间段的另一种材质的动画效果。只要先为该物体指定一种材质，然后将时间滑块拨动到某一帧，再为对象指定另一种材质，则系统会自动弹出消息对话框，询问用户是否将材质的变化制作成材质动画。单击"是"即可完成材质的动画。图8.013所示就是在不同的时间段将石头的材质由岩石变成了水材质。

14. 生态系统动画

生态系统的外观可以跟随时间而发生变化：调整生态系统中的相应参数，就可以产生动画效果，这些参数包括密度、整体颜色、整体缩放等。

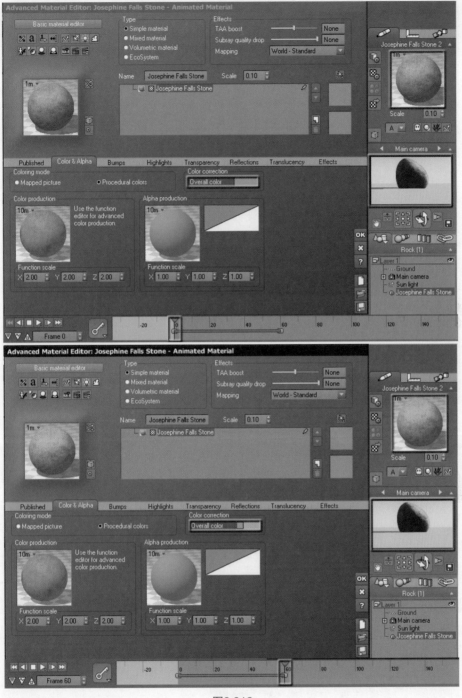

图8.012

15. 大气动画

用户只要在不同时间段对大气编辑器中的相应参数进行修改，系统就会自动将该参数的修改记录为动画。大气中可设置动画的元素包括太阳、云、雾等。如图8.014所示，在不同的时间段对天空中云的密度和覆盖程度制作了动画。

图8.013

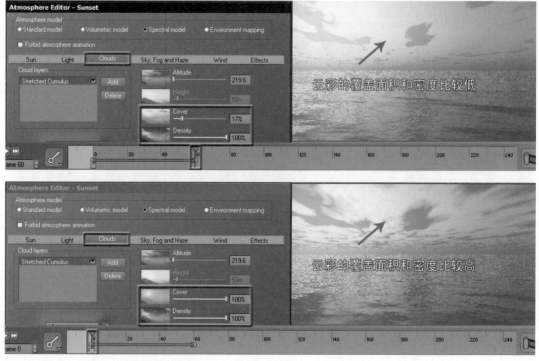

图8.014

PART TWO
案例应用

01 倔强生长

在这个案例中，我们将使用Vue软件来制作一幅具有神秘感的星球画面，它也是MODO这个软件的宣传画，如图1.001所示。

效果分析

在场景中我们可以看到，前景中有一个用置换技术制作的球体，在球体的表面，有高矮不均匀的树木，而树木生长的方向，都是与当前的球体互相垂直的。后面有非常真实的云层，如果仔细观察，还可以发现，在这个球体上面飘浮着一些雾气。接下来就为读者介绍它的制作过程。

制作步骤

步骤 01：创建星球

① 单击工具栏上的 按钮，新建一个球体。创建好球体之后，在Main camera［主摄影机］视图中，通过在 工具上拖曳，将视口调整到合适的位置，如图1.002所示。

| 图1.001 | 图1.002 |

② 选择球体后，单击右下角的控制点，在弹出的操作按钮上单击 ［缩放］工具，对球体进行放大操作；然后再使用 ［移动］工具，把球体放到画面中心合适的位置上，如图1.003所示。

③ 通过主摄影机的预览我们发现球体的一部分陷入了地下，需要将地面移动。但是我们在选择摄影机时，可以观察到默认的摄影机高度是锁定的，这时单击 图标，将锁定解除，然后再对地面进行移动，就不会影响摄影机了，如图1.004所示。

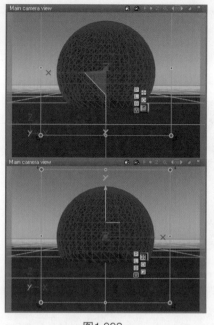

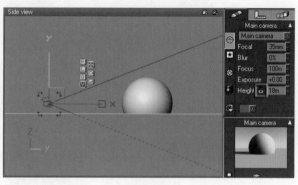

图1.003   图1.004

④ 选择Ground[地面]对象，在侧视图中将它向下移动，如图1.005所示。在预览视图中可以观察到移动后的效果。

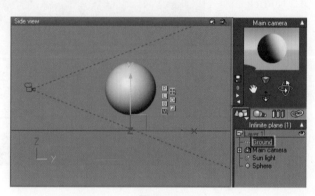

图1.005

步骤 02：赋予星球第1个材质

① 在右下角的[世界浏览器]中选择Sun light灯光，在顶视图中调整它的位置，让灯光照亮球体的大部分面积，这样它的阴影也会随之发生变化，如图1.006所示。

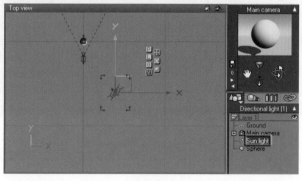

图1.006

② 在Main camera view［主摄影机视图］中，单击球体，双击［物体属性］面板上的球体标志，打开Advanced Materal Editor［高级材质编辑器］窗口。可以看到球体的材质颜色是一个默认的纯色。这里我们需要将它改为一个混合的材质，所以在Type［类型］参数组下选择Mixed material［混合材质］选项，然后选择Default［默认］，如图1.007所示。

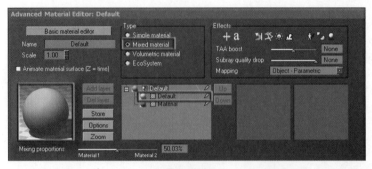

图1.007

③ 接下来，双击左侧预览窗口中的材质球，并且于弹出的Please select a material［选择一种材质］对话框中找到Displacement Materials［置换材质］，选择第二项Rock 2材质，这是一种分型的置换和颜色的图案，设置完成后，单击 OK 按钮，如图1.008所示。

④ 在［摄影机控制中心］可以观察到材质纹理较大，我们希望它的纹理变得更加细腻。双击［物体属性］面板上的球体标志，回到Advanced Materal Editor［高级材质编辑器］窗口中，将Scale［缩放］值设置为0.3，如图1.009所示。

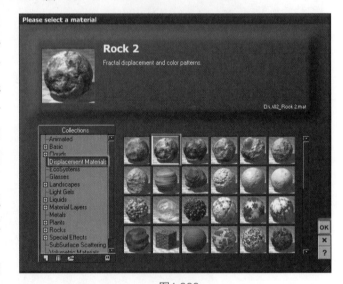

图1.008

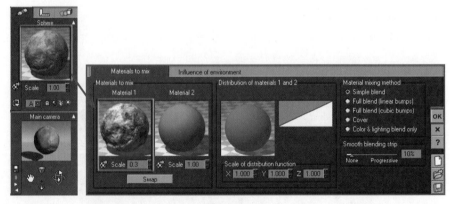

图1.009

⑤ 单击 [渲染] 按钮进行渲染，发现这个效果就初步完成了，如图1.010所示。

图1.010

步骤 03：赋予星球第2个材质

① 接下来，我们在Advanced Materal Editor ［高级材质编辑器］窗口中选择第二个材质 Material。双击左侧预览窗口中的材质球，在弹 出的对话框中选择Material Layers类型中的Sand Waves［沙子波纹］材质，因为这种沙地材质可以 很好的模拟出沙漠的效果，如图1.011所示。

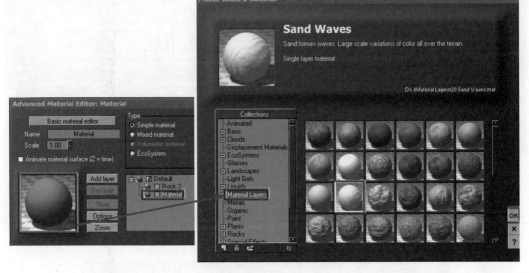

图1.011

② 现在这两个层已经开始混合了，但是我们没有看到任何比较明显的混合效果。单击Default ［默认］，在Influence of environment［环境影响］选项卡中勾选Distribution of materials dependent on local slope, altitude and orientation［依据局部斜率、高度和方向分布材质］一项， 如图1.012所示。

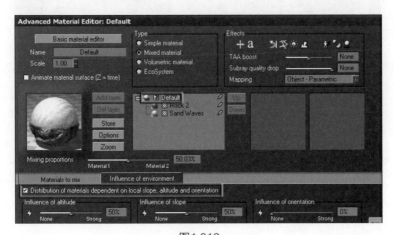

图1.012

③ 返回到Materials to mix［材质混合］选项卡中，双击Distributton of materials 1 and 2

81

［材质1和材质2的分布］参数中的材质球，在弹出的对话框中选择Basic［基础］类型下的Noise（linear）［线性噪波］材质，以线性渐变形式来分配两个材质的混合，而不是原来使用经纬来混合的模式，如图1.013所示。

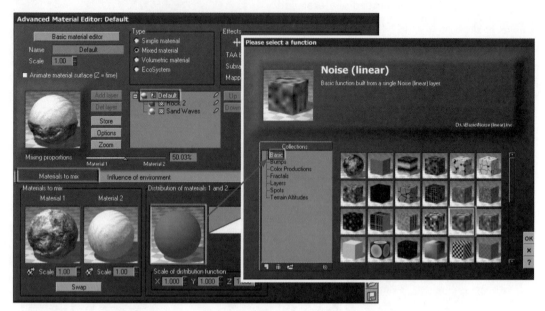

图1.013

④ 再返回到Influence of environment［环境影响］选项卡，将Distribution of materials dependent on local slope, altitude and orientation［依据局部斜率、高度和方向分布材质］选项关闭，如图1.014所示。

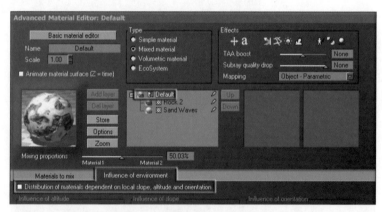

图1.014

⑤ 观察发现，白色的效果比较多，怎样解决这个问题呢？我们可以使用立方体凹凸完全混合方式，这样混合的边缘也会比较硬。

在Materials to mix［材质混合］选项卡下的Materials mixing method［材质混合方式］参数中，选择Full blend（cubic bumps）［完全混合（立方体凹凸）］项。同时要在Smooth blending strip［平滑混合带］中，将混合的边缘调得柔和一些，设置为33%，并且需要将Material 1和2进行调整，让Material 1多一些，Material 2少一些，如图1.015所示。

⑥ 再次单击 [渲染] 按钮进行测试渲染，观察发现，这样一个球体我们就已经做好了，如图1.016所示。

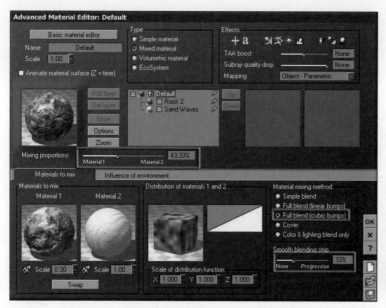

图1.015   图1.016

步骤04：制作表面植被

① 选择并双击球体打开[高级材质编辑器]窗口，选择Rock 2，选择Type[类型]参数组中的EcoSystem[生态系统]选项，让它在岩石的表面生长一些树木。单击General[通用]选项卡中的Add[添加]按钮，在弹出的菜单中选择Plant[植物]，在弹出的对话框中选择Trees[树木]类型下的Rural Maple Tree[田园枫木]材质，如图1.017所示。

图1.017

② 这样我们就可以看到树的调入进度，调入完成后，就可以设置树木在球体上的分布了。首先单击 Populate [填充]按钮，发现几乎看不到分布效果，所以我们要调整树的参数。先修改树的Scale[大小]值为0.3，如图1.018所示。

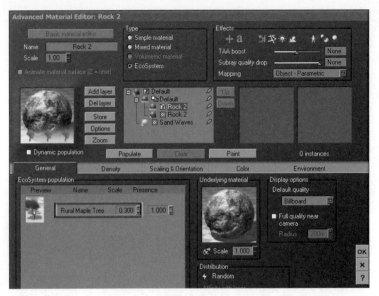

图1.018

③ 再次单击 `Populate` ［填充］按钮，自动分布植物。此时可以在［摄影机控制中心］预览，看到树虽然有一定分布，但是不够多。接下来我们将树木的密度调高一些，在Density［密度］选项卡中将Overall density［整体密度］值设置为80，如图1.019所示。

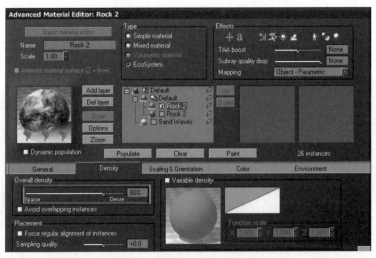

图1.019

④ 再次单击 `Populate` ［填充］按钮可以发现，这次树木数量明显变多，但主要分布于顶部位置，且为竖直向上生长。那么如何让树木垂直于球体表面呢？

选择Scaling & Orientation［缩放和方向］选项卡，将Direction from surface［从表面方向分布］值设为100%，如图1.020所示。返回到Density［密度］选项卡中，将Overall density［整体密度］值调高为86%。这时所有的树都垂直于球体表面进行生长。

➤➤➤ 技巧点拨

如果觉得效果不够真实，Direction from surface［从表面方向分布］值也可以设置为90左右，毕竟树木的生长是弯曲方向的，不可能全部生硬地垂直于地面。

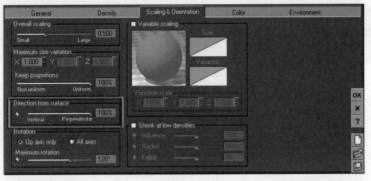

图1.020

⑤ 为了使树木的高度不一致，我们勾选Scaling & Orientation［缩放和方向］选项卡下的Variable density［变化密度］项，并双击其材质球，在弹出的对话框中选择Noise（linear）［线性噪波］材质。如果觉得树的高度不够，可以调整Scaling & Orientation［缩放和方向］选项卡，将Direction from surface［从表面的方向分布］值来改变高度，这里我们使用的数值为91%，如图1.021所示。

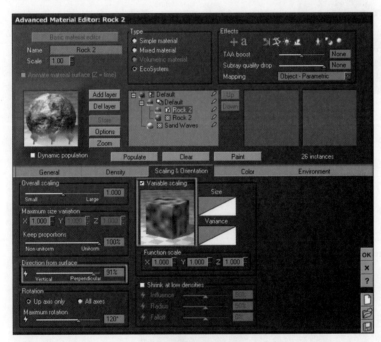

图1.021

⑥ 再次单击 Populate ［填充］按钮，并且单击 🖼 ［渲染］按钮进行渲染，这时发现画面与最终效果图相距甚远。我们选择当前球体，在［物体属性］面板中，进入Sphere［球体］选项卡中，单击 🖼 ［旋转］图标，将Pitch（沿x轴旋转）值设置为90，也就是让它沿x轴旋转，如图1.022所示。

⑦ 如果觉得树木超出视线范围，可以回到Main camera视图中，在 ⬇ 图标上拖曳将视图缩小，测试渲染效果，如图1.023所示。

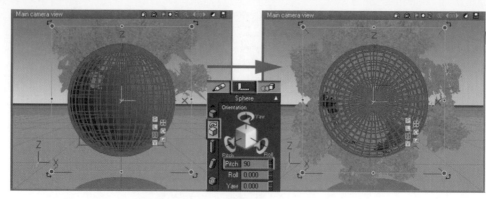

图1.022

图1.023

建筑动画与特效 Vue环境模型篇 火星课堂

▶▶▶ 注释信息

如果觉得树的分布数量不合适，太多或者太少，可以先按下Clear［清除］按钮删除前面的设置，再对Density［密度］选项卡中的Overall density［整体密度］值进行反复调节，达到我们满意的效果即可。

↘步骤 05：调入天空

目前，天空显得不够完美，现在我们需要将天空调入一个预设值。在工具栏中，找到并单击 Load Atmosphere［载入大气］按钮，在弹出的对话框中选择Spectral Sunshine［阳光普照］类型中的Classic Day［标准天空］选项，按下OK［确定］按钮确认操作。单击 ［渲染］按钮进行渲染，效果如图1.024所示。

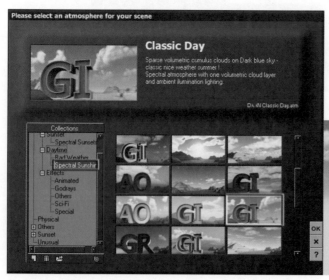

图1.024

▶▶步骤 06：制作薄雾

① 再次单击 🔘 按钮创建一个球体，同时调整位置和大小，让它比原始生长植物的球体稍大一些，包住做好的球体。位置正好对齐即可，如图1.025所示。

▶▶▶ 注释信息

一定要沿中心点等比例缩放，并且保证在多轴向上同时缩放。

② 双击［摄影机控制中心］的材质球，打开Advanced Material Editor［高级材质编辑器］窗口。再次双击窗口内的材质球，在弹出的对话框中，选择Clouds［云层］类型中Other Clouds［其他云层］预设下的

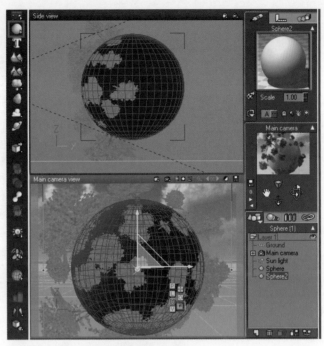

图1.025

Cloud sphere #6［球形云#6］材质，按下 OK ［确认］按钮并进行渲染，如图1.026所示。

图1.026

③ 观察球体表面，发现云稍显浓重。我们双击材质球，将云的浓度降低。在Transparency［透明度］选项卡中，用鼠标右键单击Transparency production［透明度效果］参数组中的Transparency［透明度］示意图，在弹出菜单中选择Edit Filter［编辑过滤器］，设置它的曲线图，如图1.027所示。

④ 渲染后，观察发现球体表面云雾的效果已经基本符合了，如图1.028所示。如果觉得云雾的效果大小不合适，可以反复调整Transparency［透明度］参数，获得满意的效果。

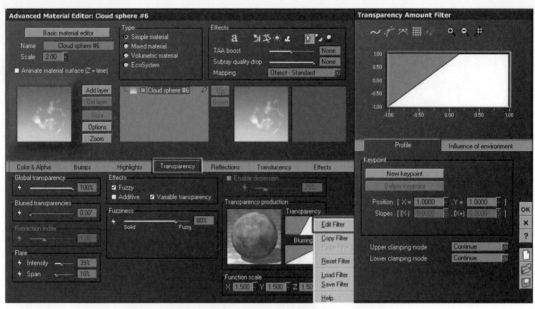

图1.027

图1.028

步骤 07：渲染成品

接下来，我们进行最终的成品渲染。用鼠标右键单击 🔲 ［渲染］按钮，弹出Render Options ［渲染选项］面板。在Preset render quality ［预设渲染质量］参数组中勾选Final ［最终］质量级别，并将Render in main View ［渲染到主视口］切换为Render to screen ［渲染到屏幕］；将渲染的尺寸比例设置为Widescreen(16:10) ［宽屏］，大小为640×400，单击 Render 按钮，如图1.029所示。

注释信息

也可以按下快捷键Ctrl+F9打开Render Options ［渲染选项］面板。

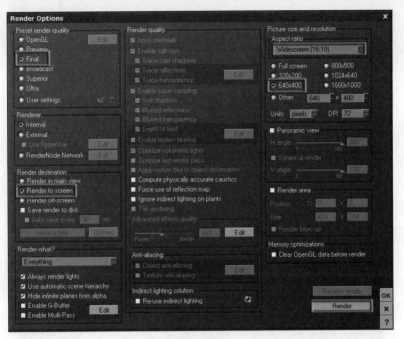

图1.029

注释信息

渲染一般需要两次进程才能完毕。第一次先针对球体部分进行渲染，第二次渲染天空的效果，如图1.030所示。当进度为99%时，并不代表最终完成，必须耐心等待后面的渲染过程。

图1.030

02 夕阳余晖

范例分析

本案例主要通过天空与山地的制作，来完成一幅气势磅礴的场景，效果如图2.001所示。我们可以看到，连绵不绝的山峰错落有致地排列着，天空中弥漫着厚厚的云彩，并从中透出一缕阳光，下面就来讲解这个场景的制作方法。

图2.001

制作思路

这个场景主要由以下4部分组成。

- 山地是由多个地形拼接而成的。
- 天空中云比较特殊，大面积覆盖整个天空，呈现不透明状态。
- 阳光呈现出射线状，反射出光斑效果。
- 而天空中远处的雾气，虚化出离镜头比较远的山体效果，给人一种朦胧的感觉。

制作步骤

↘步骤 01：制作地面

1.测试渲染设置

按下键盘上的快捷键Ctrl+F9，打开Render Options［渲染选项］对话框。在该对话框中，确保目前的Preset render quality［预设渲染质量］为Preview［预览］方式；把Render in main View［渲染到主视口］切换为Render to screen［渲染到屏幕］，并且将渲染的尺寸比例设置为Free［自由］方式，在下面的other［其他］尺寸中将测试渲染的大小设置为500×203，同时锁定宽高比。设置完成后单击 OK ［确定］按钮，如图2.002所示。

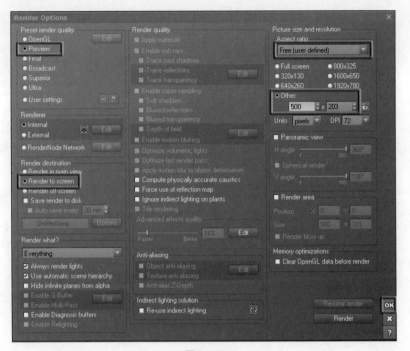

图2.002

2.创建地形

单击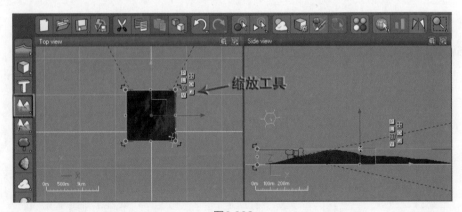按钮，创建一个山体的地形。使用缩放工具调整至角标刻度1km的范围内，然后在侧视图中将z轴高度降低，调整至合适的位置，如图2.003所示。

▶▶▶ 注释信息

缩放时，观察左下角的角标。可以看到实际的尺寸，方便设计制作更准确。

图2.003

3.调整摄影机位置

由于摄影机不能表现出理想画面的效果，所以我们通过使用移动和旋转工具，将其调整至合适的位置，如图2.004所示。

▶▶▶ 注释信息

读者也可以根据自己的喜好设计不同山地效果，但是要保证，山地有起伏的效果，尽量靠近左侧或右侧，有较高的山峰。

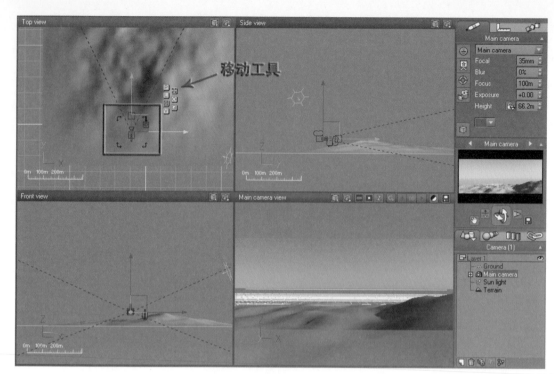

图2.004

4.编辑地形

默认创建地形的分段数都是256，观察发现分段数不够。所以我们双击山地对象，打开Terrain Editor［地形编辑器］面板，单击 ×2 按钮，将精度设置为1024×1024，设置完成后按下 OK ［确定］按钮，渲染效果如图2.005所示。

图2.005

5.复制地形

由于画面中整体的效果是由多个山地拼接起来的，所以我们需要制作出多个地形对象，重复上面的操作，调整其位置，如图2.006所示。

反复重复上面的操作，直至将摄影机拍摄到的地平面铺满，渲染效果如图2.007所示。

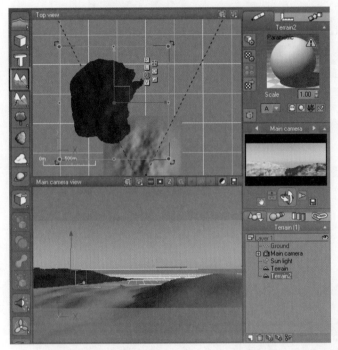

图2.006

注释信息

建议采取单击  按钮创建的方式进行复制，因为通过Alt键复制会出现错误提示并引起死机。

而且每次都创建，山地的随机效果不同，能保证山体的效果更丰富。

图2.007

步骤 02：制作天空

1.调整太阳光位置

选择Sun light［太阳光］，移动到Front view［摄影机视图］的右侧，山地后面接近地平线的位置，以创建出黄昏的效果，如图2.008所示。

2.设置云层

① 按下F4键打开Atmosphere Editor［大气编辑器］面板，在Cloud［云层］选项卡下单击 Add ［添加］按钮，在弹出的材质对话框中选择Clouds类型中Spectral2预设下的Dense Cumulus Layer［浓密云层］材质，这种云层厚度适中，层次感也很鲜明，如图2.009所示。

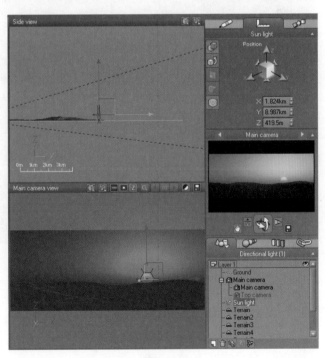

图2.008

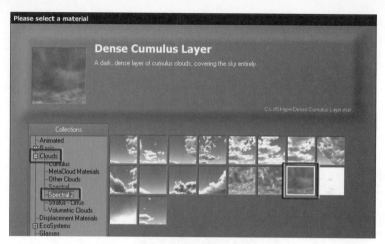

图2.009

② 我们对它进行参数设置，设置Altitude［海拔］值为200m，Height［高度］值为1km，Cover［覆盖］值为61%，Density［密度］值为100，Opacity［不透明度］值为100，Detail amount［细节量］值为58，Ambient lighting［环境光］值为92，Shadow density［阴影密度］值为100，Scale［比例］值为17，如图2.010所示。

➥➥➥ **注释信息**

在调节这些参数时，随时观察摄影机控制中心的预览效果，不用拘泥于数值，主要观察效果。

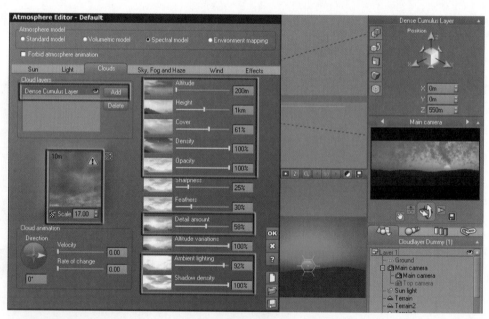

图2.010

3.编辑云层

① 双击云材质进入编辑面板，在Color & Density［颜色与密度］选项卡中，勾选Custom cloud layer profile［自定义云层剖面］选项，这样可以使云层剖面与曲线一致，然后将Uniformity［均匀化］值设置为73，如图2.011所示。

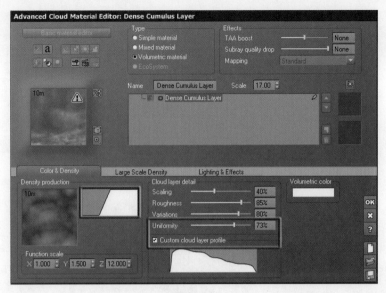

图2.011

② 另外，在Color & Density［颜色与密度］选项卡中，图中框选的曲线代表密度，不同的曲线会表现出不同的密度效果。双击曲线可打开预设值面板，也可以通过鼠标右键单击曲线图，在弹出的菜单中选择Edit Filter［编辑滤镜］，直接进行编辑，如图2.012所示。

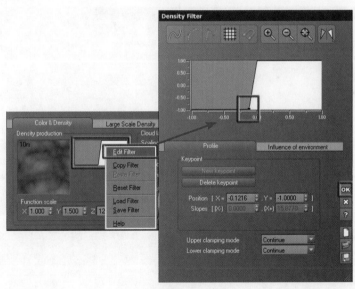

图2.012

4.云层构图

使用世界坐标系将云层移动并旋转，调整至合适的位置及效果，渲染效果如图2.013所示。

5.调节云层光效

按下键盘上的F4键打开大气编辑面板，在Light［灯光］选项卡中设置Global lighting adjustment［全局灯光调整］参数组下的Light intensity［灯光强度］值为为-1.48，Light balance ［灯光平衡］值为100，趋向于Sunlight［太阳光］，Ambient Light［环境光］值为100，趋向于From sky［天空］。观察发现，整体云层比较有层次感，效果如图2.014所示。

图2.013

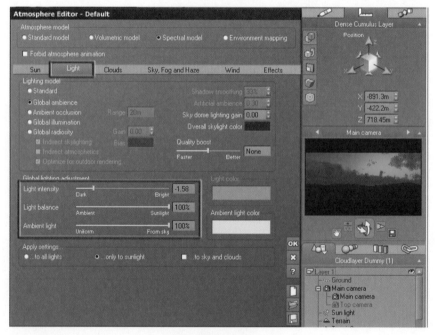

图2.014

6.云层细节调整

① 选择云层，在Side view［侧视图］中将其向上移动，观察预览视图，云层与山体之间产生了泛光效果，如图2.015所示。

② 在大气编辑器中选择Clouds［云层］选项卡，设置Cover［覆盖］值为49，如图2.016所示。

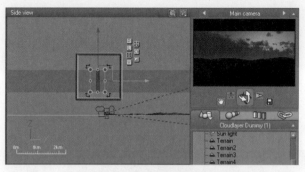

图2.015

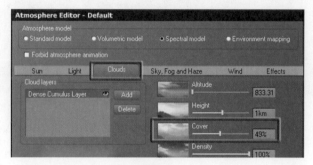

图2.016

③ 进入Sky,Fog and Haze［天空、雾和霾］选项卡中，其中Sky［天空］参数组用来调整天空效果；Decay［衰减］相关参数是用来调整天空与地面过渡的云层效果。注意区分Haze［薄雾］和Fog［雾］相关参数是分别调整薄雾层和雾层的，薄雾对整个实际效果影响不大，可以最后调整，而雾层的效果对地面的影响非常大。

我们要将Decay color［衰减颜色］设置为RGB（253，206，161），这是一个浅橙色，用鼠标右键复制到Fog Color［雾颜色］色块中，设置Scattering anisotropy［各向异性散射］值为0.84；其他的参数设置如图2.017所示。

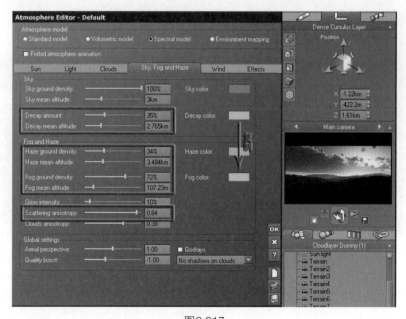

图2.017

▶步骤 03：制作光斑

1.创建光斑

当前的太阳是负责照明整个场景，但不能出现光斑效果，所以我们对其进行复制。按住键盘上的Alt键复制出Sun light0 [太阳光0] 对象。双击复制的Sun light0 [太阳光0] 对象，打开Light Editor [灯光编辑器] 窗口，设置Objects influenced by light [灯光影响的对象] 为None [无]，单击OK [确定] 按钮，如图2.018所示。

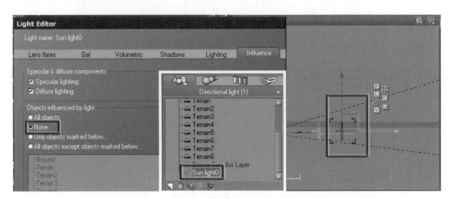

图2.018

2.编辑光斑

① 移动Sun light0 [太阳0] 到合适的位置。在右侧属性面板中单击 按钮，打开Light Editor [灯光编辑器] 窗口，在Lens Flares [镜头光斑] 选项卡中，勾选Enable lens flare [启用镜头光斑] 项。观察视图并移动Sun light 0 [太阳光0] 对象，设置Type of lens [镜头类型] 为105mm fixed，Flare Intensity [光斑强度] 值为55，Intensity [强度] 值为400，Amount [数量] 值为73，Sharpness [硬度] 值为55，渲染效果如图2.019所示。

图2.019

② 按下键盘上的F4键打开 [大气编辑器] 面板，选择Sun [太阳] 选项卡，设置Size of the corona [光晕尺寸] 值为13，Size of the sun [太阳尺寸] 值为0，渲染效果如图2.020所示。

图2.020

↳步骤 04：后期处理

此时渲染的图像基本上达到了制图要求，但是仍然缺乏一些吸引力。为了进一步美化图像，我们可以使用Vue自带的后期处理功能。单击Render Display［渲染显示］窗口中的 ⊘ 按钮，打开Post Render Option［后期渲染选项］面板，在这里调节图像的Exposure［曝光］值为-0.27，勾选Lens glare［镜头光晕］选项，并且把光晕效果的Radius［半径］值设为54，Amount［数量］值设为49；启用Post Processing［后期处理］功能，并且勾选Color correction［颜色校正］选项，设置Gain［增益］值为11，Saturation［饱和度］值为2，调整完成后单击 ▢ Preview ▢ ［预览］按钮，即可在窗口中预览效果。

至此，这个案例就制作完成了。最终完成效果如图2.021所示。

图2.021

建筑动画与特效 火星课堂 Vue环境景观篇

03 乱石嶙峋

本案例将制作一个石头的场景，在这个场景中，各种错落有致的石头暴露在蔚蓝的天空下，形成一种怪石嶙峋的效果，如图3.001所示。观察图片发现，整个图片的效果非常真实，石头上的细节也非常丰富，在大体凸器与凹陷基础上，还有许多局部凸器与凹陷的效果，整体的岩石显得非常有层次。

图3.001

范例分析

在Vue这款软件中，创建的石头都是随机的，在创建的时候不会与效果图一摸一样，而细节和局部的效果也不可能与原始图片保持一致。所以，我们可以使用Vue中的石头工具，把岩石的大体形状制作出来，然后在整个案例结束后，再使用3ds Max与Maya等三维软件，创建石头的模型，接着再导入Vue软件中赋予材质。但是在本例中，以上工作将全部在Vue中完成。

制作步骤

1. 测试渲染设置

打开一个空的场景文件，按下键盘上的Ctrl+F9键，在Render Options［渲染选项］窗口中，勾选Render destination［渲染目标］参数组下的Render to screen［渲染至屏幕］项；设置Picture size and resolution［图像尺寸与分辨率］中的Aspect ratio［长宽比］为Free［自由］方式，在下面的other［其他］尺寸中将测试渲染的大小设置为为320×460，如图3.002所示。

图3.002

2. 创建石头并赋予材质

① 单击 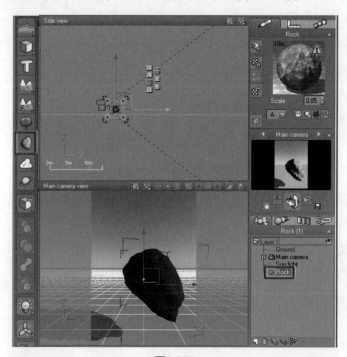［创建岩石］按钮进行创建，名称为Rock，如图3.003所示。

图3.003

② 选择摄影机，向下移动到靠近地面位置，旋转镜头向上拍摄，形成仰视的效果，如图3.004所示。

③ 选择当前石头对象并进行移动和旋转操作，将其作为底部的基石，如图3.005所示。

④ 岩石默认材质不符合要求，需要另外设置。单击材质球旁的 按钮，打开Please select a material［选择材质］ 面板，选择Clouds［云］组下的Displacement Materials［置换材质］，并在其中选择Rock 2［岩石2］材质，单击OK［确定］按钮完成操作，如图3.006所示。

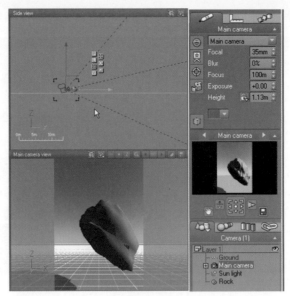

图3.004

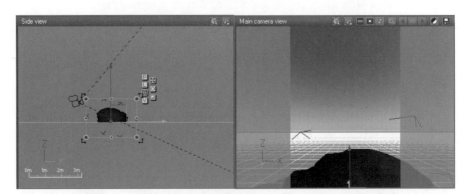

图3.005

图3.006

⑤ 将Scales［缩放］值设置为2，渲染效果如图3.007所示。

图3.007

⑥ 单击 [创建岩石] 按钮，再次创建一个岩石对象，名称为Rock2，然后移动至与另一岩石模型相交，使用旋转和缩放工具调整其位置和大小，如图3.008所示。

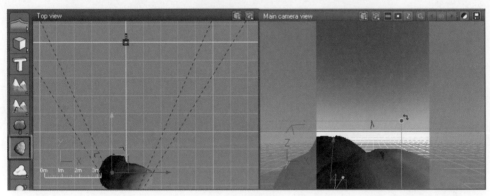

图3.008

⑦ 选择Rock对象，在材质球上用鼠标右键选择Copy Material [复制材质] 选项，并粘贴在Rock2对象上，操作步骤如图3.009所示。这时两块岩石的材质相同。

图3.009

⑧ 再次单击 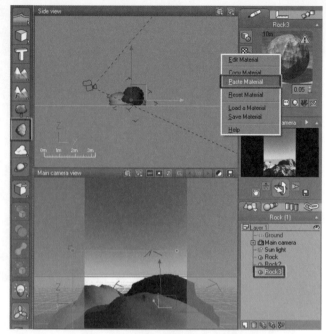 [创建岩石] 按钮，创建Rock 3对象，旋转并移动到距摄影机较远的位置，在材质球上单击鼠标右键，选择粘贴，这时，第三块岩石也被赋予了相同的材质，如图3.010所示。

⤵⤵⤵ 注释信息

非等比缩放要谨慎使用，以免造成贴图的过度拉伸。

图3.010

3. 将石头进行布尔运算

① 视图中3块石头相互交叠到一起，而效果图中石头都是相对独立存在的，所以我们选择Rock/Rock2/Rock3三个对象。

找到 [布尔] 工具，按住鼠标左键会弹出3个按钮，这里我们选择 [并集] 按钮，如图3.011所示。

⤵⤵⤵ 注释信息

[差集]，表示一个物体减去另一个与其相交的部分。

[并集]，表示相交的两个物体相加。

[交集]，表示只保留两个物体的相交处。

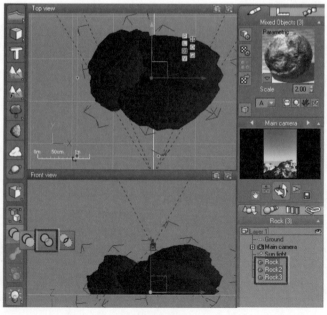

图3.011

②观察属性面板发现，创建了新组Union［并集］，其下包含Rock/Rock2/Rock3三个对象，渲染效果如图3.012所示。

图3.012

4．创建后景的石头

① 单击 [创建岩石] 按钮，创建Rock 5对象。将其旋转为一个长形状的石头，并放置在场景后侧位置，然后将上面岩石的材质粘贴到当前岩石上，如图3.013所示。

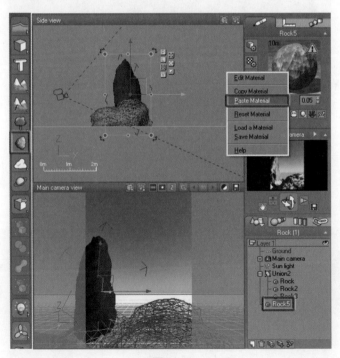

图3.013

② 设置Scale［缩放］值为1，渲染效果如图3.014所示。

③ 再次单击 [创建岩石] 按钮，创建Rock 6对象，旋转立起放置在视图右侧，如图3.015所示。

图3.014

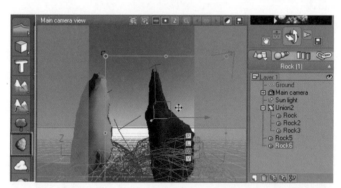

图3.015

④ 如觉得构图效果不满意，可以使用差集的方式制作出符合要求的石头。我们再次创建岩石对象Rock 7，将其缩放旋转并放置在Rock 6的顶端，然后进行Difference［差集］运算，得到Difference［差集］对象，渲染效果如图3.016所示。

图3.016

⑤ 继续新建一个岩石对象Rock8，然后同时选择Rock8与Difference对象，单击 并集按钮进行并集运算，得到Union对象，如图3.017所示。

图3.017

读者可根据自己的想法，逐一搭建石块，制作出合适的效果，这里就不再一一赘述了。制作完成后，渲染效果如图3.018 所示。

5. 测试渲染

放大显示，观察细节非常差，岩石边缘有严重的锯齿，如图3.019所示。这是由于当前石头的分段数不够所导致的。

图3.018

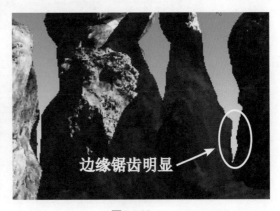

图3.019

怎样解决这个问题呢？我们在属性面板中双击Union［并集］对象，进入Polygon Mesh Options［多边形网格选项］面板，设置Turbo Smooth mesh subdivision［涡轮平滑网格细分］下的Iterations［迭代次数］值为1，并将所有岩石的Iterations［迭代次数］值都设置为1，再次渲染，可以发现细节效果好了很多，如图3.020所示。

图3.020

6. 设置灯光

在属性面板中选择Sun light［阳光］对象，在顶视图与侧视图中调节太阳光的位置。双击![按钮]
［阴影］按钮，打开Light Editor［灯光编辑器］窗口，设置Shadow density［阴影密度］为84，设
置默认Color［颜色］为暖黄色，RGB参考值为（158，139，122），渲染效果如图3.021所示。

图3.021

7. 材质细调

① 我们选择Union03石头对象，观察石头发现这块岩石平滑发白，缺少细节，所以我们单击
![按钮]按钮，打开［材质编辑器］窗口，发现当前材质Type［类型］是Simple material［单一材质］，

这里我们选择Mixed material［混合材质］类型，发现当前材质球的置换效果就变弱了。原因是材质中包含两个子材质，第一个是原始的单一型材质，子材质二是一个默认材质，子材质一用于表现石头的大面积层次感，子材质二表现石材纹理凹凸。所以，我们将材质复制粘贴到材质二上，如图3.022所示。

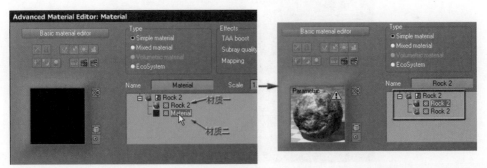

图3.022

② 选择子材质一，将它的Scale［缩放］值设置为0.5。在下方Bumps［凹凸］选项卡中，提高Depth［深度］值到0.5，表示当前置换的凹凸量，值越大凹凸效果越强烈，如图3.023所示。

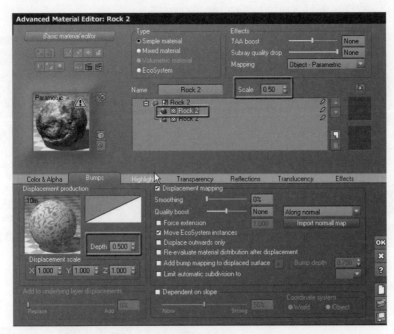

图3.023

③ 选择子材质二，将它的［缩放］值设置为0.1，如图3.024所示。

图3.024

④ 切换到顶级别，刷新观察材质效果，如图3.025所示，但目前的混合效果并不是很理想。

图3.025

⑤ 双击Distribution of materials 1 and 2［材质1和2的混合分布］选项下的效果图，这时弹出Please select a function［选择节点］对话框，指定Basic［基础］下的Noise（linear）［噪波（线性）］混合方式，然后单击Ok［确定］按钮，如图3.026所示。

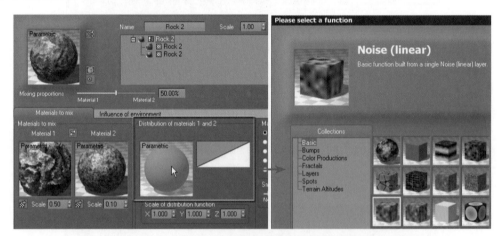

图3.026

⑥ 设置Mixing Proportions［混合比例］为41.28%，渲染效果如图3.027所示。

图3.027

⑦ 进入到属性面板的  标签下，被选中的材质是我们刚才制作好的材质，将此材质复制到剩下岩石中，观察视图发现所有的石块都被选择替换了，渲染效果如图3.028所示，而所有质感与层次感都增强了。

8. 调节灯光位置

① 选择Sun light［太阳光］对象，将其移动到合适位置，渲染效果如图3.029所示。

图3.028

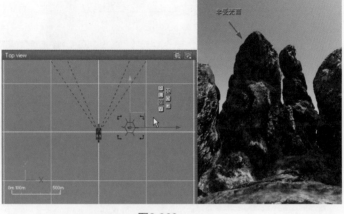

图3.029

② 观察上图发现非受光面过于黑，在视图中添加辅助光源，选择 泛光灯，将其移动到石块附近，设置Power［强度］值为5，Color［颜色］为淡橙色，RGB参考值为（252，214，175），渲染效果如图3.030所示。

图3.030

9. 天空的制作

① 按下键盘上的F4键，进入到［大气编辑器］窗口，进入Clouds［云层］选项卡，单击 Add ［添加］按钮，选择Cumulus［积云］下的Sparse Cumulus Layers［稀疏层积云］，观察视图，云彩就添加进来了；然后我们将Altitude［海拔］值提高为4.3km，降低Cover［覆盖］面积为

98%，设置材质的Scale［缩放］值为0.2，如对视口中的云层不满意，可以在视口中对云层进行旋转，如图3.031所示。

图3.031

② 进入天空的Sky,Fog and Haze［天空，雾和霾］选项卡，如天空的颜色受到太阳光强烈的影响，可以通过调节Sky mean altitude［天空平均海拔］的值来控制天空的亮度，值越高越亮，值越低越暗，渲染效果如图3.032所示。

图3.032

③ 由于效果有些暗，我们继续调解一下灯光。选择阳光，将Color［颜色］的RGB值为（180，165，152），按下键盘上的F4键，进入Light［灯光］子面板，把Light intensity［灯光强度］的值

提高为0.53，Light balance［灯光平衡］值设置为65，单击Ok［确定］按钮，渲染效果如图3.033所示。

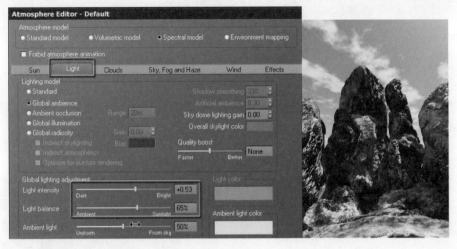

图3.033

10. 最终渲染

最后我们单击 ⊘ ［后期］按钮，勾选Post processing［后期处理］选项，然后勾选Color correction［颜色校正］，设置HUE［色相］为12，偏青色，设置Saturation［饱和度］为-7，Radius［半径］为44，Amount［数量］为34，单击 Preview ［预览］按钮，完成最终场景的制作，如图3.034所示。

图3.034

04 繁花似锦

在本案例中，我们将使用Vue软件来学习制作山花遍野的场景，最终效果如图4.001所示。场景中各种颜色的花朵争相斗艳，一条小溪缓缓流动着，整个画面塑造出了一种生机勃勃的自然景象。

图4.001

范例分析

本例是一幅静态画面，涉及Vue中许多的知识点，包括地形的创建、植物的添加、河流的材质调节等。Vue是一款简单而实用的自然景观构建软件，如果想制作出真实而动人的场景，我们可以在掌握了软件技术的基础上，在各大电影中寻找分镜进行模仿训练，从中得到属于自己的风格。

制作步骤

1.优化视口成像

为了提高制作速度，我们需要预先进行渲染设置。打开一个空的场景文件，按下键盘上的Ctrl+F9键，在Render Options［渲染设置］窗口中，勾选Render destination［渲染目标］参数组下的Render to screen［渲染至屏幕］项，观察Picture size and resolution［图像尺寸与分辨率］中Aspect ratio［长宽比］为默认的16比9，单击OK［确定］按钮完成设置，如图4.002所示。

2.创建山地并赋予材质

① 单击 Terrain［地形］按钮创建一个地形对象，在顶视图中选择地形，激活右侧的缩放按钮，将整体地形模型缩放，并在侧视图中将地形高度进行缩放，如图4.003所示。

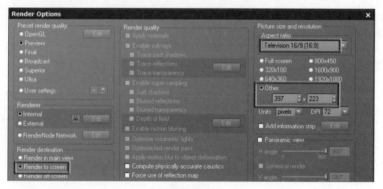

图4.002

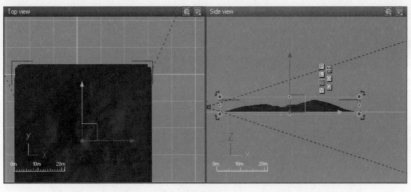

图4.003

② 双击视图中的地形模型，打开Terrain Editor［地形编辑器］窗口，拖动底部的Clip［修剪］参数滑块，提高地平线，观察视图中地形底部被裁切，如图4.004所示。

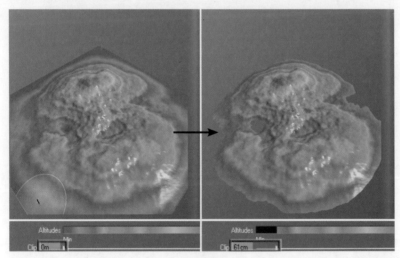

图4.004

③ 单击 ▬ ［抹平］按钮，可将地形删除，再单击 ⋀ ［地形］按钮，得到随机的地形模型，选择适合的地形效果，单击 ×2 按钮，提高地形精度为1024×1024，单击OK［确定］按钮完成地形创建，效果如图4.005所示。

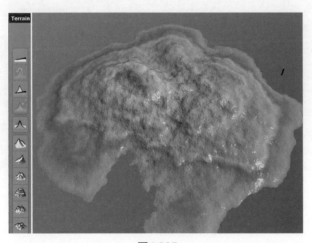

图4.005

④ 在Main camera［主摄影机］视图下方，使用摄影机工具，摇移摄影机，将镜头对准地形边缘进行俯拍，按下键盘上的F9键进行渲染，效果如图4.006所示。

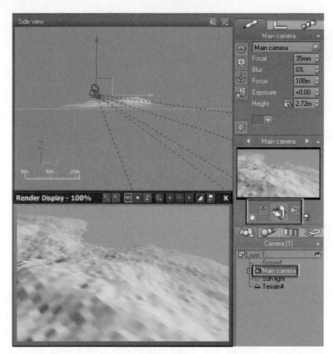

图4.006

⑤ 因为构图的关系，我们需要修改一下地形的外貌。双击地形模型，打开Terrain Editor［地形编辑器］窗口，旋转视图观察摄影机拍摄位置，选择Paint［绘制］下的2D Raise［2D浮雕］，设置Flow［流量］值为0.077，对地形外貌进行补充，如图4.007所示。

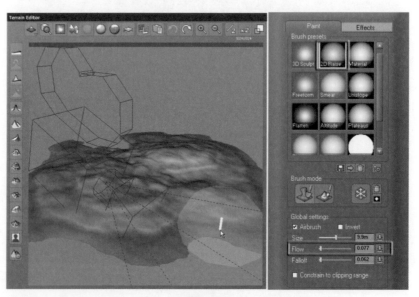

图4.007

⑥ 单击［获取材质］按钮，在弹出的材质对话框中选择Landscapes［地貌］类型下的Rocks and Plants［岩石与植物］材质，如图4.008所示。

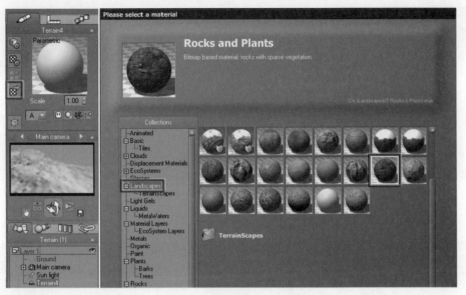

图4.008

⑦ 按下键盘上的F9键进行默认渲染，观察整个材质平铺的颗粒过小，如图4.009所示。

⑧ 设置材质Scale［缩放］值为2.0，再次渲染，效果如图4.010所示。

图4.009

图4.010

3.创建第二个山地

① 单击![地形]按钮，再次创建一个地形。激活右侧的缩放按钮，进行缩放，然后使用移动工具将其移动到原始地形的右侧，如图4.011所示。

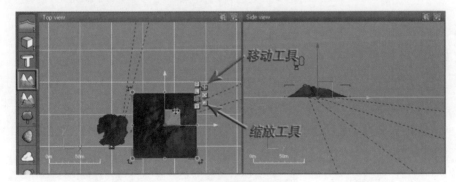

图4.011

② 选择原始的地形与摄影机，使用移动工具向上移动，使两个地形之间产生高度差值，如图4.012所示。

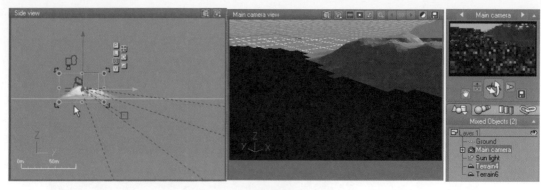

图4.012

③ 选择Terrain6对象，移动并缩放到当前位置，如图4.013所示。

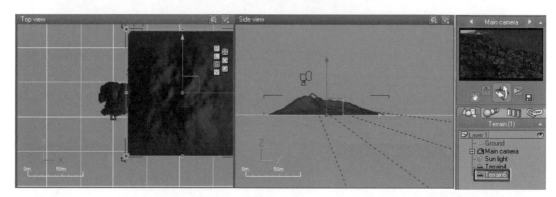

图4.013

④ 现在我们将两个山地的材质进行统一。在Terrain4的材质球上复制，然后选择Terrain6地形，在其材质上进行粘贴，如图4.014所示。

⑤ 单击 按钮，创建水面。使用移动工具，根据预览图，在侧视图中将水面向上移动至合适位置，如图4.015所示。

图4.014

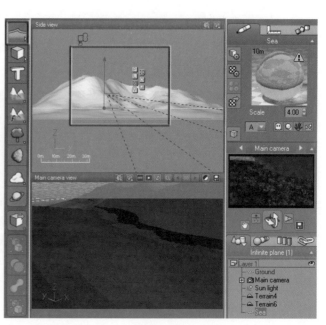

图4.015

⑥ 单击 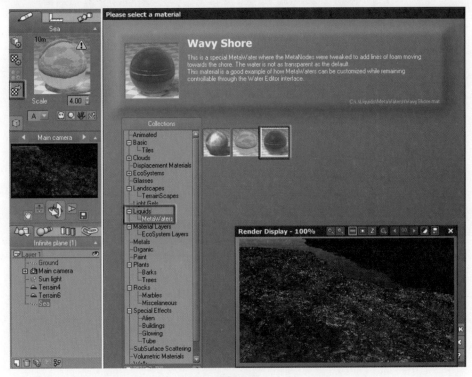[获取材质] 按钮，在Liquids [流体] 类型下，选择Wavy Shore [海滩波浪] 材质，按下键盘上的F9键进行测试渲染，得到小溪的效果，如图4.016所示。

图4.016

⑦ 接下来，我们选择Sun light [太阳光] 对象，在侧视图中将其移动到右侧，如图4.017所示。

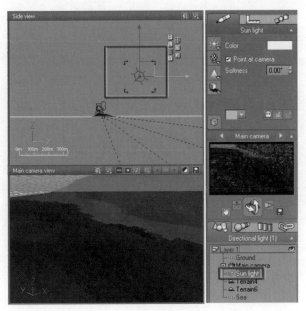

图4.017

⑧ 选择Terrain6对象，使用旋转工具旋转至合适的效果，如图4.018所示。

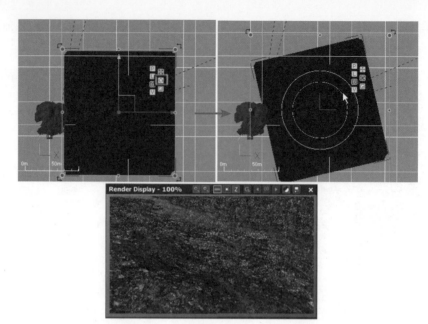

图4.018

4.创建地形上的花、草与石头

① 首先我们来制作花。用鼠标右键单击 ［植物］按钮，在Flowers［花］目录下，选择Red Flowers［红花］与Yellow Flowers［黄花］，也可以选择配套光盘中提供的Lush Cornflower［繁茂的矢车菊］与Lush Field Daisy［野外繁茂的雏菊］。最后，我们选择Red Flowers［红花］，如图4.019所示。

图4.019

② 单击 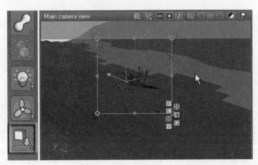 ［放置到地面］按钮，可以自动将Red Flowers［红花］移动到地面位置，然后使用［缩放］工具将其放大，渲染效果如图4.020所示。

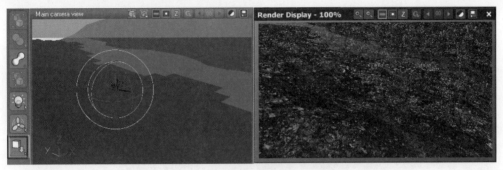

图4.020

③ 按住键盘上的Alt键，复制出第二束花，并使用缩放工具将其放大一些。为了准确贴合地面，我们将它向上移动到半空中，然后单击 ［放置到地面］按钮，如图4.021所示。

图4.021

④ 旋转到合适位置后，双击右下角面板中的Red Flowers1［红花1］，打开编辑器窗口，为了使它们的外观有所不同，我们设置Length［长度］值为7，Width［宽度］值为10，Randomness［随机］值为-15，Flexibility［弹性］值为0，Curl［卷曲］值为-15，最后单击OK［确定］按钮完成编辑操作，如图4.022所示。

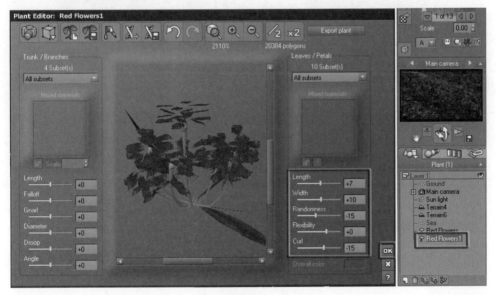

图4.022

⑤ 同理，按住键盘上的Alt键再次进行复制操作，并用缩放工具将其整体缩放；然后单击 ［放置到地面］按钮，将第三束花完全贴合在地面上，旋转至合适的角度，如图4.023所示。

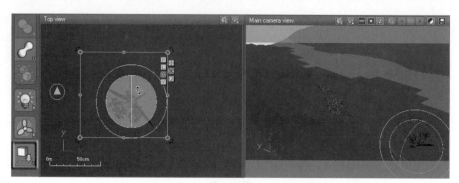

图4.023

⑥ 制作完3种同样的花后，我们换一种花进行制作。单击 按钮，选择Flowers［花］目录下的Sow Thistle［苣苦菜］类型，如图4.024所示。

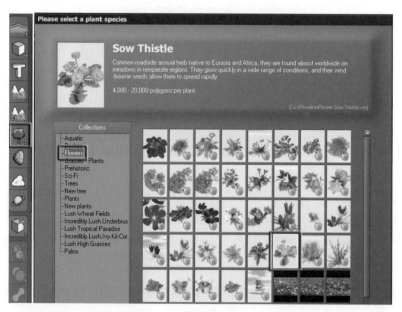

图4.024

⑦ 创建完成后，我们单击 ［放置到地面］按钮，并使用缩放工具将其整体放大一些，如图4.025所示。

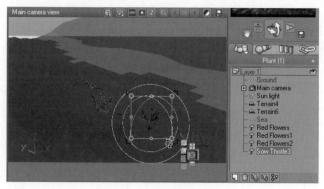

图4.025

⑧ 按住键盘上的Alt键进行复制操作，创建出另一束Sow Thistle［苣苦菜］。为了使它们的外观有所不同，我们双击右下角面板中的Sow Thistle4［苣苦菜4］，进入编辑面板，然后单击 按钮，即可生成另一种随机效果，如图4.026所示。

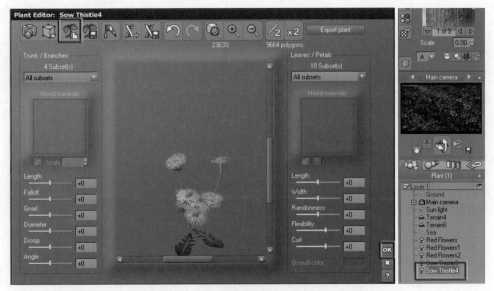

图4.026

⑨ 同样，我们按住键盘上的Alt键，继续复制出第三束Sow Thistle［苣苦菜］，并调整它的大小和形态，如图4.027所示。

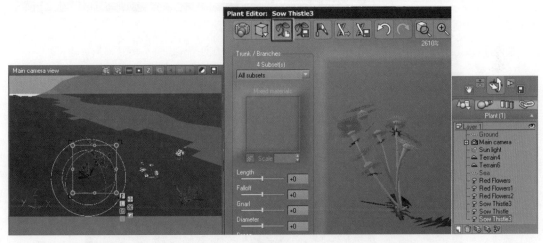

图4.027

⑩ 接下来，我们依次进行导入Lush Cornflower［繁茂的矢车菊］与Lush Field Daisy［野外繁茂的雏菊］的操作。

这里要注意的是，在导入Lush Cornflower［繁茂的矢车菊］的操作中，进入它的编辑面板后，我们选择Petals subset［花瓣设置］参数，可以单独对花瓣的设置进行调节，如图4.028所示。

图4.028

同理，单击 按钮，即可生成另一种随机效果，如图4.029所示。

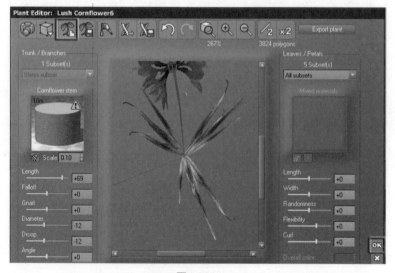

图4.029

继续创建一个Lush Field Daisy［野外繁茂的雏菊］植物，并在编辑面板中修改它的参数，之后单击 按钮，将它放置在地面上，如图4.030所示。

再复制一个Lush Field Daisy［野外繁茂的雏菊］植物，进入它的编辑面板修改参数，形成不同的姿态和形状，如图4.031所示。

图4.030

图4.031

最后，手工调节30多束鲜花，让它们生长在不同的位置，具备不同的种类、形态和姿势，渲染效果如图4.032所示。

5.笔刷绘制

下面我们学习如何通过生态系统中的 笔刷工具，为场景中绘制更多的花。

① 单击 ![] 按钮，打开EcoSystem Painter［生态系统笔刷］窗口，单击 Add...［添加］按钮下的Plant［植物］项，依次导入Lush Field Daisy［野外繁茂的雏菊］和Sow Thistle［苣苣菜］两种，如图4.033所示。

图4.032　　　　　　　　　　　　　图4.033

② 设置该面板下的Paint what?［绘制什么］参数为Only selected items［仅选择项目］，然后选择Lush Field Daisy［野外繁茂的雏菊］对象，单击后边的 ![] 按钮，它的意思是离摄影机越近就越细。接下来设置不同的Scale［缩放］值，使用鼠标在视图中单击，生成大小不一的花束，如图4.034所示。

图4.034

③ 在EcoSystem Painter［生态系统笔刷］窗口中，选择Sow Thistle［苣苦菜］，设置Tool［工具］参数为Single instance［单一实例］，然后在视图中单击鼠标生成植物，如图4.035所示。

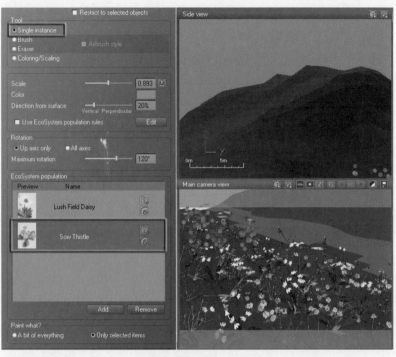

图4.035

④ 同样，我们添加Red Flowers［红花］笔刷，并对笔刷进行设置，然后在视图中单击鼠标创建Red Flowers［红花］植物，如图4.036所示。

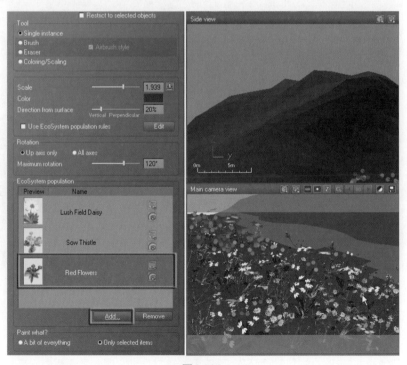

图4.036

6.创建草

① 在EcoSystem Painter［生态系统］窗口中，单击 Add... ［添加］按钮下的 Plant［植物］项，选择配套光盘中提供的Plant12，这是一组青草形态的植物模型，如图4.037所示。

图4.037

② 选择Plant12，设置Tool［工具］为Brush［绘制］，设置Brush radius［笔刷半径］值为21，Brush flow［笔刷流量］值为42，Scale［缩放］值为0.709，Limit density［限制密度］值为81%。回到顶视图，拖曳鼠标进行绘制，渲染效果如图4.038所示。

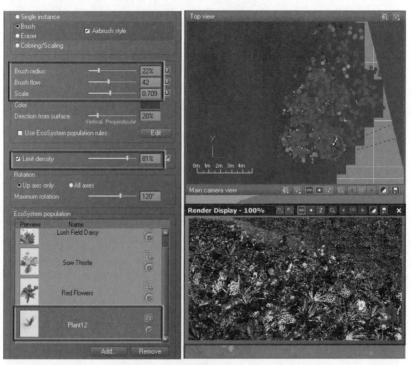

图4.038

7.创建石头并赋予材质

① 单击 ◀ ［岩石］按钮创建一个石头对象，并使用缩放工具对石头进行大小的调节，然后单击 ▣ ［放置到地面］按钮，将其与地面贴合。使用旋转工具将它调节到合适的角度，如图4.039所示。

图4.039

② 继续多次单击 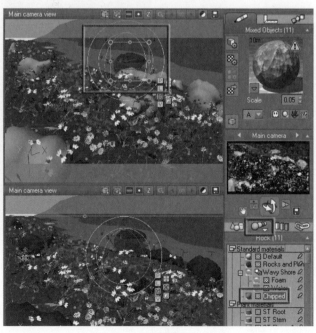[岩石]按钮，创建一些石头，并调节它们的大小，将它们放置在合适位置上，渲染效果如图4.040所示。

③ 石头的材质与地形的材质相同，所以我们选择地形，在材质球上进行复制，如图4.041所示。

图4.040

图4.041

④ 在第二个选项卡中，选择其中一个石头进行观察，发现Chipped材质被选择。所以我们选择Chipped材质，这样，就将所有使用这个材质的石头选择了，如图4.042所示。

⑤ 接下来，在材质球上粘贴此材质，渲染效果如图4.043所示。

⑥ 按下键盘上的Ctrl+F9键，打开Render Options [渲染选项]对话框，设置Preset render quality [预设渲染质量]为Broadcast [广播级]，并且将渲染的尺寸比例设置为800×450，单击OK [确定]按钮并进行保存，渲染效果如图4.044所示。

图4.042

图4.043

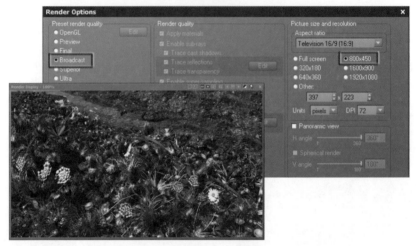

图4.044

8.创建灯光

① 选择Sun light［太阳光］对象，在前视图中将它移动到距离地面近一些的位置，如图4.045所示。

② 按下键盘上的F4键，进入到［大气编辑面板］窗口中，选择Light［灯光］选项卡，设置Light balance［灯光平衡］值为80%，使其偏向为Sunlight［太阳光］，如图4.046所示。

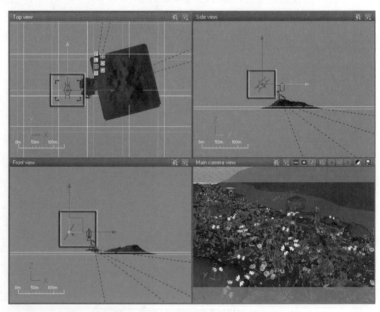

图4.045

③ 单击 ［聚光灯］按钮，在侧视图中选择其照射的角度，设置Spread［扩散］值为37.5，Falloff［衰减］值为90，Color［颜色］值为RGB（224，252，173）的黄绿色，作为辅光不需要投射阴影，因此用鼠标右键单击 ［阴影］按钮，选择No shadow［无阴影］项。这样该灯光仅作为照明使用，如图4.047所示。

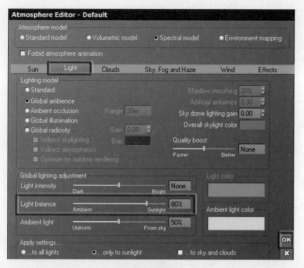

图4.046

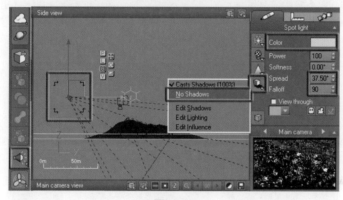

图4.047

9.修改水材质

① 选择sea［海］，单击■按钮，打开［高级材质编辑器］窗口。Wavy Shore由Foam［泡沫］与Water［水］两部分组成。首先我们选择Water［水］材质，在Transparency［透明］选项卡下，设置Fading out［深水］值为84，这样就使材质偏向Murky［浑浊］了，然后设置Fade out color［深水颜色］值为RGB（16，84，85），light color［浅水颜色］值为RGB（145，251，232），渲染效果如图4.048所示。

② 添加泡沫效果。单击右边工具栏上的■按钮，显示时间标尺，拖曳时间标尺滑块至某一帧，观察视图中，水发生了变化，这样一个泡沫效果就出来了，渲染效果如图4.049所示。

10.后期调节

单击■按钮，打开Post Render Option［后期渲染选项］面板，在这里调节图像的Exposure［曝光］值，将其增加至0.09；勾选Lens glare［镜头光晕］选项，并且把光晕效果的Radius［半径］值设为43，Amount［总数］值设为58。接下来，启用Post Processing［后期处理］功能，并且勾选Color correction［颜色校正］选项，设置Gain［增益］值为1，Saturation［饱和度］值为-9，Density［对比度］值为18，调整完成后，单击Preview［预览］按钮即可在窗口中观察效果，如图4.050所示。这样，我们就完成了本案例的制作。

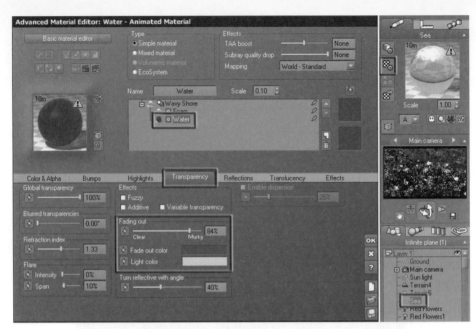

图4.048

图4.049

图4.050

05 林间小路

范例分析

在本例中，我们将使用Vue这款软件学习制作一个森林的场景，如图5.001所示。场景中有一条弯弯的小径穿过茂密的森林，几缕阳光透过树梢洒落在地面上，远山在薄雾中若隐若现，形成一幅安静而祥和的自然景象。

图5.001

本例是一幅静态画面，涉及Vue中的知识点有很多，包括地形的创建、植物的添加、生态系统的构成，以及体积光的调节等。Vue是一款简单而实用的自然景观构建软件，如果想制作出真实而动人的场景，除了需要掌握软件技术外，还需要注重艺术功底的磨炼，进行必要的构图和色彩训练，并且仔细观察日常生活和大自然中的点点滴滴，这样才能制作出好的作品。

制作步骤

步骤 01：制作地面

1.优化视口成像

一般情况下，在制作自然景观时，场景中的物体对象会非常多，从而会严重影响视口的交互速度。因此在制作场景之前，需要单击每个视口标题栏中的 View Display Option［视口显示选项］按钮，在弹出的选项菜单中选择Flat Shaded［快速成像］命令，这样可以提高视口的交互速度，如图5.002所示。

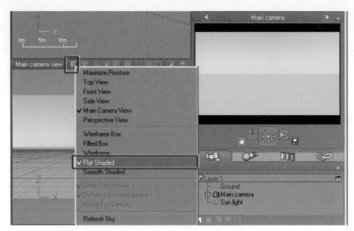

图5.002

2.测试渲染设置

按下键盘上的快捷键Ctrl+F9，或者在主工具栏的 🔲 按钮上单击鼠标右键，打开Render Options［渲染选项］对话框。在该对话框中，确保目前的Preset render quality［预设渲染质量］为Preview［预览］方式；把Render in main View［渲染到主视口］切换为Render to screen［渲染至屏幕］，并且将渲染的尺寸比例设置为Free［自由］方式，在下面的other［其他］尺寸中将测试渲染的大小设置为240×330，同时锁定宽高比。设置完成后单击右下角的Ok［确定］按钮，如图5.003所示。

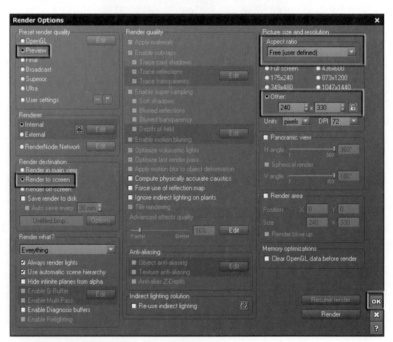

图5.003

3. 创建地形

在右侧的对象工具栏中单击 📷 Terrain［地形］按钮，创建一个标准的山地地形对象，然后使用缩放工具将其放大，并且在顶视图中调整它的位置，如图5.004所示。

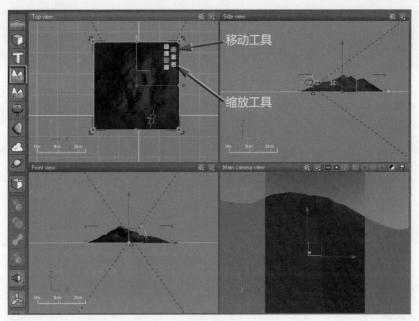

图5.004

4. 编辑地形

在新建的地形对象上双击鼠标，进入Terrain Editor［地形编辑器］中。我们制作的森林场景地面有一些轻微的起伏效果，而目前默认的地貌是山脉形状的，因此在编辑器中单击左侧的▬Reset all［重设全部］按钮，将山脉"夷为平地"，如图5.005所示。

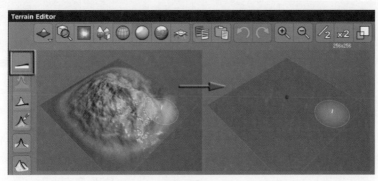

图5.005

5. 绘制地面

进入Terrain Editor［地形编辑器］中的Paint［绘制］选项卡，选择2D Raise［2D浮雕］笔刷预设，适当地提高笔刷的Size［大小］，降低笔刷的Flow［流量］和Falloff［衰减］值，然后在编辑视图中轻微地绘制，以增加平面的隆起高度，如图5.006所示。

6. 生成地面

进入Effects［效果］面板中，首先单击Stones［石块］按钮，在平面上生成一些石头，然后再单击Pebbles［鹅卵石］按钮，接着继续单击Peaks［山峰］按钮，最后单击Plateaus［高原］按钮，由于这些效果是累计计算的，因此这样可以形成一种凹凸不平的地面。如果觉得效果不好，还可以继续单击Stones［石块］按钮以丰富地面，如图5.007所示。

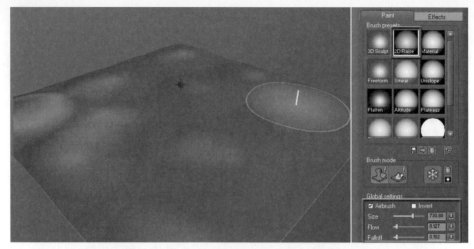

图5.006

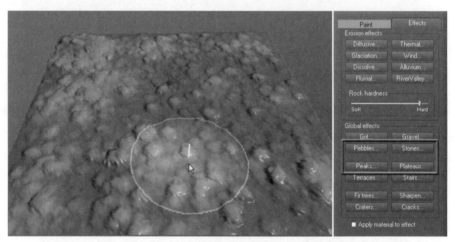

图5.007

7. 调整地面

由于连续使用几个效果的累计，目前地面有些杂乱。Vue中有个特殊的功能，就是经过上述累加计算，单击 Reset all［重设全部］按钮进行恢复平面后，再次单击Stones［石块］按钮时，生成的效果就接近于先前累加的效果，并消除了杂乱无章的感觉，如图5.008所示。

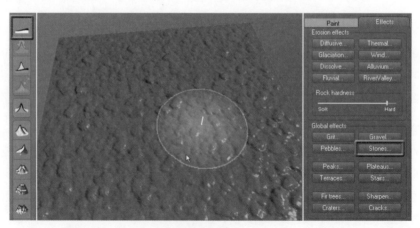

图5.008

8. 修改地面高度

返回Paint［绘制］选项卡中，采用Altitude［海拔］笔刷修改平面中的高度，使过于凸起部分趋于缓和，形成较低的起伏效果，并且单击工具栏中的 x2 按钮两次，使平面的分辨率达到1024×1024。完成修改后，单击编辑器右下角的OK［确定］按钮退出地面绘制操作，如图5.009所示。

图5.009

⬎ ⬎ ⬎ 注释信息

默认情况下建立的地形对象分辨率为256×256。

9. 调整视图和地面高度

调整场景中Main Camera［主摄影机］的位置和角度，并且使用缩放工具适当地调整地面高度，以形成与参考图相似的视图角度和地面高度。可按下F9键或单击工具栏中的 按钮进行测试渲染，效果如图5.010所示。至此，地面的形态就制作完成了。

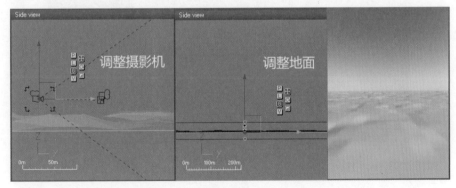

图5.010

⬎ ⬎ ⬎ 技巧点拨

为了保持摄影机视图的正确性，在调整好Main Camera［主摄影机］的位置和角度后，可以单击操作面板上的 ▣ ［保存］按钮，这样可以得到一个备份的摄影机Camera01。这样即便再次移动了Main Camera［主摄影机］，也能通过Camera01恢复刚才的角度，如图5.011所示。

10. 加载地面材质

选择地面"Terrain"，在右侧的对象属性面板中单击Load Material［加载材质］按钮，在弹出的对话框中选择Material Layers［材质层］中预设的Dark Grass Procedural［深色青草程序］材质，如图5.012所示。

图5.011   图5.012

➤➤➤ 技巧点拨

Vue中默认情况下有一个Ground［地面］对象，在渲染测试中可以单击Ground［地面］对象前面的图标，使其出现一个"×"标记，这样就取消了对默认地面的渲染，如图5.013所示。

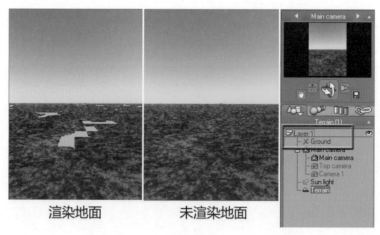

渲染地面   未渲染地面

图5.013

11. 修改材质颜色

选择地面"Terrain"，在编辑区中单击按钮，打开［高级材质编辑器］窗口，在该窗口中将Overall color［整体颜色］改为深黄色，参考值为RGB（105，88，63），然后单击右下角的OK［确认］按钮，渲染效果如图5.014所示。

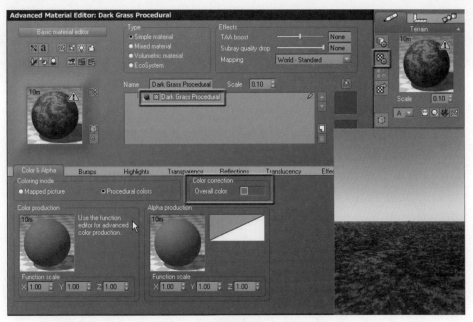

图5.014

步骤 02：添加树木

1. 加载第一棵树木

在左侧对象工具栏的 🌳 按钮上单击鼠标右键，弹出植物创建面板，在Trees［树木］选项中选择Gnarly Tree E类型，然后单击OK［确认］按钮进行创建。在视图中，调整这棵树木的位置和缩放值，使其位于摄影机镜头的右侧，如图5.015所示。

图5.015

2. 调整树木参数

在新建的Gnarly Tree E树木上双击鼠标，弹出Plant Editor［植物编辑器］面板，在这里可以调节这棵树木的各种参数，包括Length［高度］、Falloff［衰减］、Gnarl［粗糙度］、Diameter［直径］等参数。另外，我们还可以在不改变树木类型和参数的情况下，通过该编辑器中的 （new plant）按钮，重新设定树木的形态，如图5.016所示。

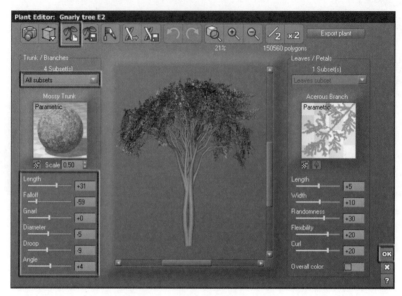

图5.016

3. 添加第二棵树木

接着，在场景中添加一棵树叶稀疏且有一定颜色变化的树木。在植物创建面板中选择Large European Ash-Autumn Yellow，这是一种欧洲的白蜡树木，我们选择的是一种秋天的黄叶状态。之所以选择秋天的树木是为了丰富场景中的色调，并且有利于后面灯光和颜色调节。创建完成后，使用缩放和旋转工具将其放置在合适的位置上，如图5.017所示。

图5.017

4. 调整枝叶参数

双击新建的欧洲白蜡树，进入它的［植物编辑器］面板中，在右侧Leaves/Petals［树叶/花

瓣］面板中调整树叶和枝杈的Length［长度］和Width［宽度］参数，使其更加稀疏一些，如图
5.018所示。

图5.018

5. 添加一棵枯树

在场景中添加一个完全没有叶子的枯树。在树木的创建面板中选择Leafless Tree-Old&Dead，
这是一棵没有叶子的树木。创建完成后，使用旋转和移动工具将其放置在摄影机镜头的左侧，并且
在植物编辑器中修改树木的高度和形态，如图5.019所示。

图5.019

6. 复制树木

选择刚刚创建的枯树，按住Alt键配合移动工具复制出第2棵枯树，并且使用移动、旋转和缩放
工具将其放在画面的边缘位置。进入它的编辑器中，适当地修改树木的形态，如图5.020所示。

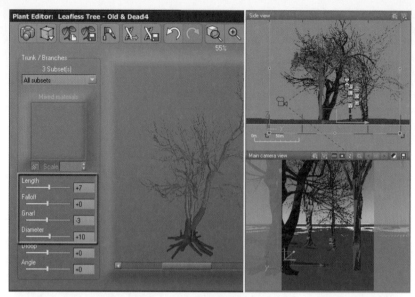

图5.020

7. 修改树干材质

接下来修改第一棵树木的树干材质。选择最先建立的Gnarly Tree E对象，然后单击 ▒ ［获取材质］按钮，在弹出的材质面板中选择Barks［树皮］类型中的Maple，只是这是一种枫木类型的深红色树干材质，效果如图5.021所示。

图5.021

➤➤➤ 技巧点拨

为了保证树干贴图的准确性，一般需要单击 ▒ 按钮，进入材质的编辑面板，将所有树木材质的Mapping［贴图］方式设置为Object-Standard［对象-标准］方式，如图5.022所示。

图5.022

8. 修改摄影机焦距

选择Main Camera［主摄影机］对象，在它的参数面板中将Focal［焦距］值设置为40毫米，如图5.023所示。

图5.023

9. 添加其他树木

添加和修改树木参数的方法基本上讲解完成了，读者可以使用创建或复制方式在场景中添加更多的树木。由于我们要制作光线射入森林的体积光效果，因此在搭建场景时，也要在摄影机镜头的范围外摆放一些树木，它们的作用是阻挡光线。如果场景中设置了较多的树木，同时软件中设置了自适应降级显示功能，在视图中就会显示为长方体，以增加视口的交互速度，渲染测试的效果如图5.024所示。

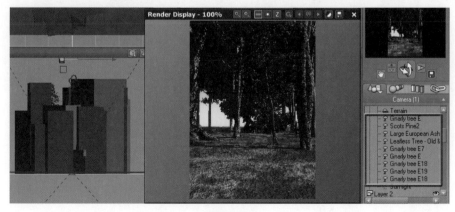

图5.024

步骤 03：制作远山

1. 创建地形

在背景中还有一个远山对象，因此在对象工具栏中，我们需要再次单击 ▲ [地形] 按钮，创建一个标准的山地对象，并且使用移动和缩放工具调整它的形态和位置，渲染效果如图5.025所示。

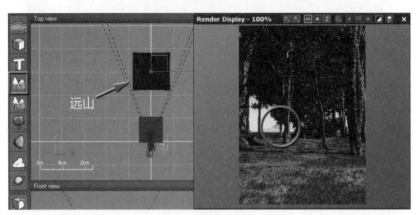

图5.025

2. 设置远山材质

选择远山对象，单击参数区中的 ▦ Load Material [调入材质] 按钮，在弹出的材质面板中选择Landscape类型中的Rock and Grass [石头和青草] 材质，然后单击右下角的OK按钮确认操作，如图5.026所示。

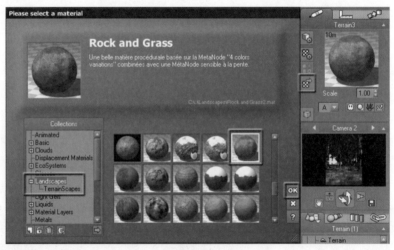

图5.026

步骤 04：体积光效果

1. 设置物理环境

默认情况下，场景中包含一个太阳系统，太阳光的位置决定了整个场景的光照程度。如果太阳接近地平线，那么就是早晨或傍晚的亮度，如果太阳远离地平线，那么光线就更强，接近正午的亮度。此外，我们还可以用鼠标右键单击 ☁ [调入环境] 按钮，打开环境选择面板，在本例中我们选择Sunset [日落] 类型，如图5.027所示。

图5.027

2. 调整太阳的位置

在Sunset［日落］类型的环境中，场景的光线较弱，因此我们可以选择Sun light［太阳光］对象，使用移动工具调整它的位置，使场景中的光线稍微亮一些，如图5.028所示。

3. 添加聚光灯

按住对象工具栏中的灯光按钮，在弹出的灯光图标中单击 [聚光灯] 按钮，这样就在场景中创建一盏聚光灯，使用移动和旋转工具调节聚光灯的位置和角度，使其位于森林树梢的右上侧，并且与太阳的照射角度基本一致，如图5.029所示。

图5.028

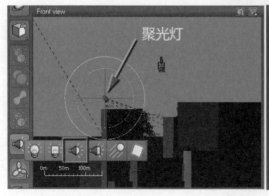

图5.029

4. 设置体积光

在灯光的参数面板中按下▲按钮激活体积光，然后在该图标上双击鼠标，打开Light Editor〔灯光编辑器〕面板，在Volumetric〔体积光〕选项卡中提高体积光的Intensity〔强度〕和Quality Boost〔提高质量〕值，如图5.030所示。

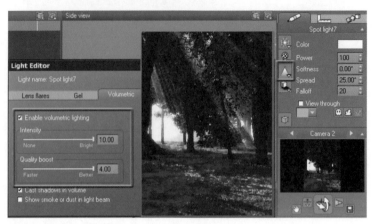

图5.030

↘↘↘ 技巧点拨

在设置聚光灯的体积光效果时，必须保证打开了阴影选项。如果没有激活阴影选项，那么聚光灯的体积光不会受到物体的遮挡，犹如一片浓雾，如图5.031所示。

图5.031

5. 设置灯光的颜色和位置

在灯光的Color〔颜色〕参数中设置聚光灯的颜色，使其呈现出淡淡的橙色光线，并且再次调节聚光灯的位置和角度，让体积光线显得更加清晰，如图5.032所示。

↘步骤 05：草地和小路的绘制

1. 设置生态系统

选择地面"Terrain"对象，在

图5.032

编辑区中单击![icon]按钮，打开地面的材质编辑器。在Type［类型］参数组中选择EcoSystem［生态系统］选项。单击General［通用］选项卡中的Add［添加］按钮，在弹出的菜单中选择Plant［植物］，接着在弹出的窗口中选择一个低矮的草本类植物，如Patch of Grass，最后单击OK按钮将其添加到生态系统中，如图5.033所示。

图5.033

2. 绘制设置

在地面的材质编辑器中，首先将生态系统的植物Patch of Grass的Scale［比例］值设置为0.4，然后单击Paint［绘制］按钮，在弹出的EcoSystem Painter［生态系统绘制］面板中调整Brush radius［笔刷半径］、Brush flow［笔刷流量］和Scale［比例］等绘图参数，如图5.034所示。

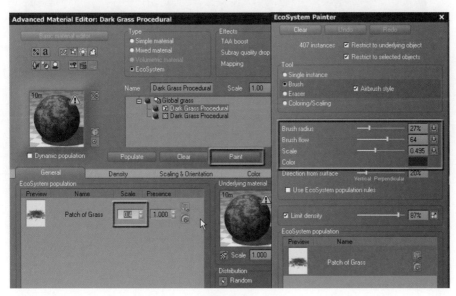

图5.034

3. 绘制草坪

设置完笔刷后，在顶视图的摄影机周围随机拖动鼠标，绘制大面积的草坪，使其覆盖大部分的地面，在绘制时还可以继续调节笔刷的大小和流量，以产生更加随机的效果。绘制完成后，可以按下F9键测试图像效果，如图5.035所示。

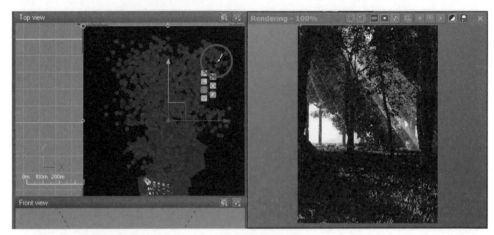

图5.035

4. 绘制小路

草地绘制完成后，还需要在场景中绘制一条小路。返回到EcoSystem Painter［生态系统绘制］面板中，在Tool［工具］参数组中选择Eraser［橡皮擦］工具，该工具可以将绘制好的草擦除。适当地设置笔刷的半径和流量，在摄影机周围擦除部分青草，形成一条伸向远方的路径，如图5.036所示。这样草地和小路就绘制完了，如果觉得场景太暗，那么可以再添加一盏聚光灯辅助照明，或者修改太阳光参数。

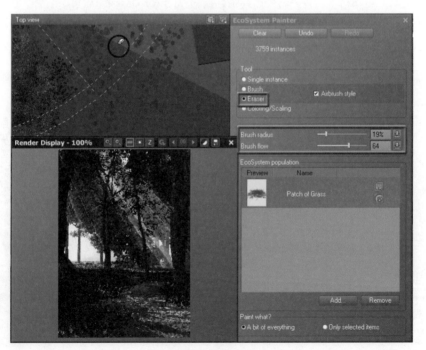

图5.036

↘步骤 06：调整图像

1. 调整太阳光

最后，对森林场景进行细微的调整。场景中基本的效果都已经制作好了，接着需要根据参考图调节场景的灯光、颜色，增加特殊效果。选择SunLight［太阳光］对象，在参数面板中修改太阳光的颜色，将其设置为饱和度较底得黄色，参考值为RGB（179，134，46），如图5.037所示。

太阳光为白色　　　　　太阳光为黄色

图5.037

2. 调整聚光灯

体积光是从聚光灯中发射出来的，目前体积光的光线非常生硬，因此需要进一步调节聚光灯的参数。选择场景中发射体积光的Spot Light［聚光灯］，在它的参数面板中将Spread［扩散］值设为30，Falloff［衰减］值设为180，然后单击▲按钮，进入Light Editor［灯光编辑器］面板中，提高体积光的Intensity［强度］和Quality boost［提高质量］等参数，并且适当地调整聚光灯的位置。这样体积光的射线就变得柔和了，如图5.038所示。

图5.038

3. 添加辅光

目前场景中后面的光线太暗，因此可以添加一盏聚光灯辅助照明。选择发射体积光的聚光灯，按住Alt键，使用移动工具将其复制出一个参数相同的聚光灯，将其放置在森林的后方，并取消它的体积光和投影设置，仅让它产生照明作用。这样后面的树木就变亮了，如图5.039所示。

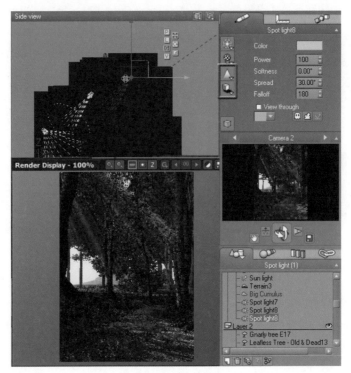

图5.039

4. 渲染图像

按下快捷键Ctrl+F9，打开Render Options［渲染选项］面板，在Preset render quality［预设渲染质量］参数组中勾选Final［最终］质量级别；将渲染尺寸改为873×1200，然后单击Render按钮渲染图像，如图5.040所示。

5. 内部后期处理

此时渲染的图像基本上达到了制图要求，但是仍然缺乏一些吸引力。为了进一步美化图像，我们可以使用Vue自带的后期处理功能。单击Render Display［渲染显示］窗口中的 ✎ 按钮，打开Post Render Option［后期渲染选项］面板，在这里调节图像的Exposure［曝光］值，将其增加至0.09；勾选Lens glare［镜头光晕］选项，并且把光晕效果的Radius［半径］值设为65%，Amount［数量］值设为42%；启用Post Processing［后期处理］功能，并且勾选Color correction［颜色校正］选项。在颜色校正参数中，可以调节Hue［色相］、Brightness［亮度］、Saturation［饱和度］、Gain［增益］和Density［对比度］等，调整完成后单击Preview按钮，即可在窗口中预览效果，如图5.041所示。

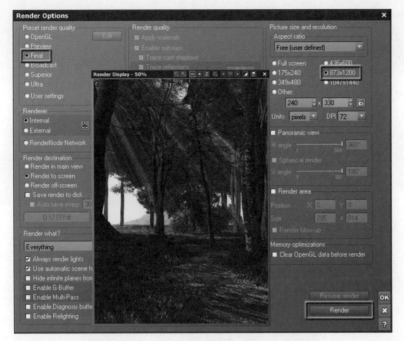

图5.040

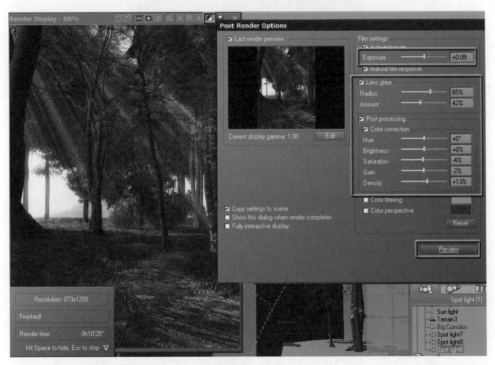

图5.041

　　至此，本例制作完毕。单击OK［确认］按钮退出Post Render Option［后期渲染选项］面板，在Render Display［渲染显示］窗口中单击　按钮即可保存当前图像。

06 幽静月夜

本课我们将学习月夜场景的制作方法，效果如图6.001所示。此场景中包括大面积的云层、水面、远处的山、枯树，以及非常大的月亮，为了创造出上帝之光的感觉，我们还在场景中添加了光束的效果。

图6.001

1. 渲染设置

按下键盘上的**Ctrl+F9**键，打开渲染设置面板，勾选**Render to screen**［渲染至屏幕］项，并设置尺寸为640×360，单击**OK**［确定］按钮完成渲染设置，如图6.002所示。

图6.002

2. 创建山地

现在我们来制作山地，单击［地形］按钮，在侧视图中将地形移动到距离摄影机500米左右的位置。接下来切换到顶视图，使用［缩放］工具对地形进行横向和纵向的拉伸，调整至合适的大小与位置，如图6.003所示。

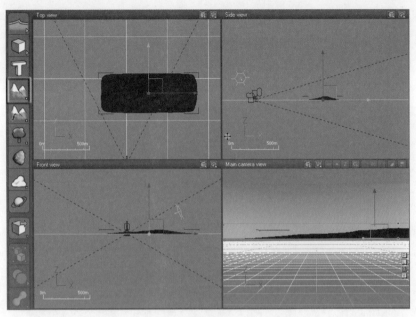

图6.003

3. 编辑山地

双击山地模型，打开地形编辑器，观察摄影机的位置。在摄影机观察到的范围内，对山地做一些隆起。选择2D Raise［2D浮雕］，将中心部分刷高一些，设置底部的Clip［修剪］为1.7，意思是这部分海拔以下不要，最后单击OK［确定］按钮完成操作，如图6.004所示。

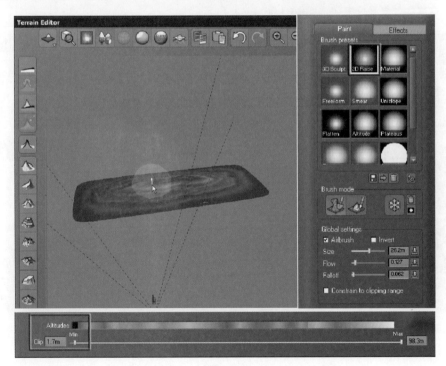

图6.004

4. 放置到地面

由于刚才删除了一部分海拔，现在要让山体摆放到当前地面上，因此单击 [放置到地面]

按钮，并使用移动工具摆放位置。最后，按下键盘上的F9键进行渲染，渲染效果如图6.005所示。

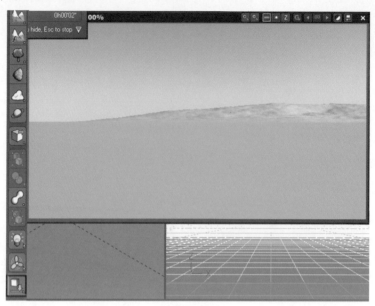

图6.005

5. 创建水面并更换材质

接下来单击 [水面] 按钮，创建一个水面对象，渲染后发现效果不尽如人意，所以我们单击 按钮，将水面的材质更换为Clear water [清澈的水面]，如图6.006（左）所示。再次进行渲染，发现这样的效果就好多了，如图6.006（右）所示。

图6.006

6. 调整摄影机

为了使构图更加合理，现在设置摄影机位置。选择主摄影机，在侧视图中进行旋转操作，效果如图6.007所示。

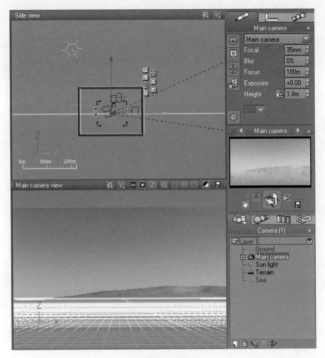

图6.007

7. 添加枯枝

在整个构图的最右侧，添加光秃秃的树干。用鼠标右键单击 [植物] 按钮，在Trees [树木] 类别下双击Leafless Tree,Side [无叶枯树] 选项，这样就在场景中添加了一棵枯树，如图6.008所示。

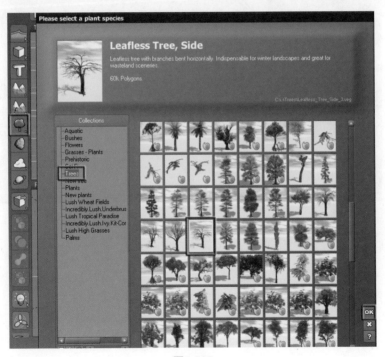

图6.008

8. 调整枯枝的位置

在顶视图中，将枯树移动到摄影机范围内，调整它的位置，使其位于图像的右上角，显示出一些末端的树枝即可，如图6.009所示。

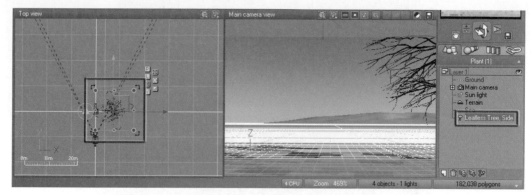

图6.009

9. 设置枯枝的生长方向

我们发现树枝的生长方向是向下的，所以在编辑面板下双击Leafless Tree, Side［无叶枯树］选项，打开Plant Editor［植物编辑器］窗口。在Trunk／Branches［树干/枝干］下拉列表中选择Branches subset［次级枝干］，该选项用于控制末端树枝，设置Droop［下垂］为-12，使树枝向上生长，渲染效果如图6.010所示。

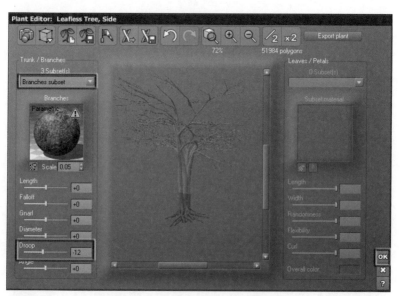

图6.010

10. 制作月亮

接着我们进行月亮的制作。单击 [行星] 按钮，因为默认行星类型就是moon［月亮］，所以在场景中自动出现了月亮对象。将它移动到视图中心位置，并调整其大小；然后将Phase［月相］值调大，Softness［柔和］和Brightness［亮度］值也调大，渲染效果如图6.011所示。

11. 调整太阳光位置

现在进行天空的制作，在Atmosphere model［大气模式］参数下，默认的是Spectral model［光谱模式］，这种模式不适合于夜晚。我们选择Sun light［太阳光］，移动到摄影机对角，也就是水平线向上一点的位置，如图6.012所示，这时渲染就出现了傍晚的效果，但不是很理想。

图6.011

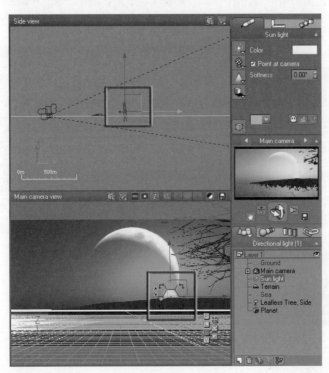

图6.012

12. 设置大气雾霾参数

按下键盘上的F4键，打开Atmosphere Editor［大气编辑器］窗口，在Sky,Fog and Haze［天空，雾和霾］选项卡下，将Decay color［衰减颜色］改为深蓝色，值为RGB（4，6，155），Decay mean altitude［平均海拔衰减］设置为1.91km，Decay amount［衰减量］设置为63，Fog mean altitude［雾平均海拔］设置为738，Fog ground density［地面雾密度］设置为20，Fog color［雾颜色］设置为RGB（10，10，10），是一种接近黑色的颜色，较黑的雾可以将整个画面颜色压低，形成夜晚的效果。将Haze color［阴霾颜色］设置为RGB（55，55，55），这是一种深灰色，将Haze mean altitude［阴霾海拔］降低为2.195，Haze ground density［地面阴霾密度］为16，如图6.013所示。

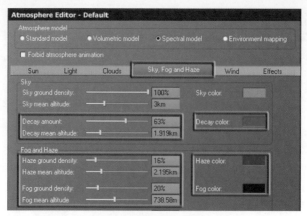

图6.013

13. 设置环境光

切换到Light〔灯光〕子面板，设置Ambient light color〔环境光颜色〕为RGB（0，12，26），这是一种深蓝色。设置Light balance〔灯光平衡〕为100，趋向于Sunlight〔太阳光〕；然后将Ambient light〔环境光〕设置为0，按下键盘上的F9键进行渲染，效果如图6.014所示。

图6.014

14. 修改天空颜色

返回到Sky,Fog and Haze〔天空，雾和霾〕子面板，设置Sky mean altitude〔天空平均海拔〕值为1.5，将Sky color〔天空颜色〕的饱和度降低，设置为RGB（32，72，123）的颜色，Decay color〔衰减颜色〕设置为RGB（91，143，215）的颜色，这样夜晚天空的效果就基本设置完成了，按下键盘上的F9键进行渲染，效果如图6.015所示。

15. 修改太阳参数

开始制作太阳。设置太阳颜色为深蓝色，数值为RGB（16，102，221），接着为阳光添加光晕。按下键盘上的F4键，进入Sun〔太阳〕选项卡，设置Size of the corona〔日冕大小〕为43%，Size of the sun〔太阳大小〕为1%，如图6.016所示。

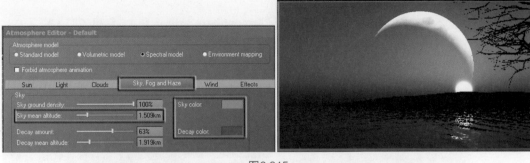

图6.015

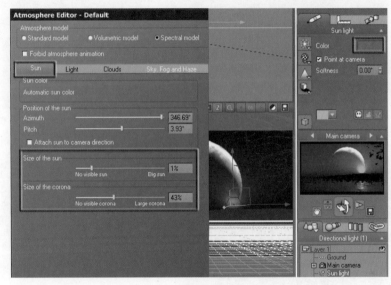

图6.016

16. 调整雾效的发光程度

我们切换到Sky,Fog and Haze［天空，雾和霾］选项卡中，将Glow intensity［发光强度］设置为13，单击OK［确定］按钮后，按下键盘上的F9键进行渲染，效果如图6.017所示。

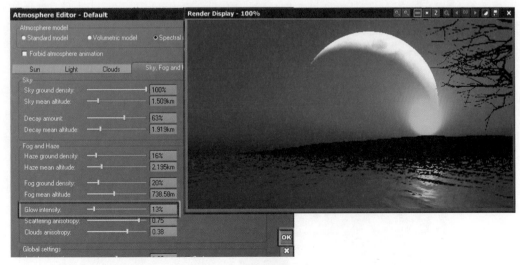

图6.017

17. 添加云层

为天空添加云层。按下键盘上的F4键，打开Atmosphere Editor［大气编辑器］面板，进入cloud［云层］选项卡，单击 Add ［添加］按钮，选择Volumetric Clouds［体积云］，并选择Dark Cumulus 2［黑积云］选项，单击Ok［确定］按钮，设置Scale［缩放］值为0.3， Altitude［海拔］值为500m，Cover［覆盖］值为95，Density［密度］值为85，按下键盘上的F9键，渲染效果如图6.018所示。

图6.018

18. 添加平面积云

再次单击 Add 按钮，选择Spectral 2［光谱2］中的Flat Cumulus［平面积云］项，然后单击 OK ［确定］按钮，如图6.019所示。

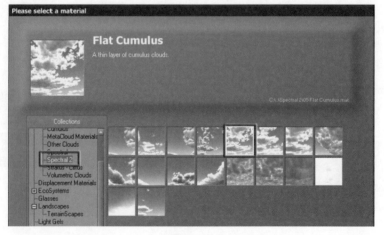

图6.019

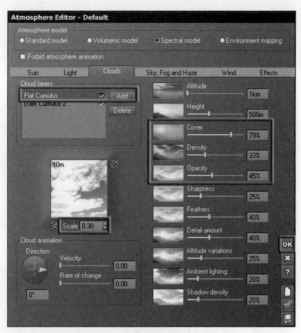

19. 设置平面积云参数

在选择Flat Cumulus［平面积云］的情况下，设置Density［密度］值为33，Cover［覆盖］值为79，Opacity［不透明度］值为45，Scale［缩放］值为0.3，单击 OK ［确定］按钮完成设置，如图6.020所示。

20. 调整云层位置

选择云层并移动它的位置，使月亮隐藏在云层后面，露出一点点弯月的形状，如图6.021所示。

图6.020

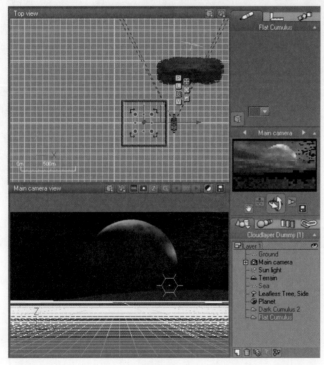

图6.021

21. 调整月亮的亮度

选择月亮对象，也就是Planet［行星］，降低Brightness［亮度］值，按下键盘上的F9键，渲染效果如图6.022所示。

22. 为远山添加植被

接下来为远处山体添加植被。在编辑面板中选择Terrain［地形］，单击 按钮，打开［高级材质编辑器］，设置Type［类型］为EcoSystem［生态系统］，然后单击 Add... ［添加］按钮，选择Plant［植物］选项，在弹出的对话框中选择Trees［树木］选项下的HD Lime Tree［酸橙树］，确定后单击 Populate ［填充］按钮，将它们自动分布在地形上。这样植被的制作就完成了，渲染效果如图6.023所示。

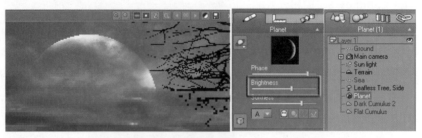

图6.022

图6.023

23. 修改月亮参数

观察发现，当前月亮的位置不是很理想，所以我们需要进行微调。月亮过亮且边缘发白，整个山体很黑，需要添加一盏辅助光源使山体亮一些，同时在月亮底部产生一些体积光效果。

我们首先降低月亮亮度。在编辑面板中选择Planet［行星］，降低Phase［月相］和Brightness［亮度］值，如图6.024所示。

24. 创建辅光

接下来创建辅助光源，按住 按钮不放，在弹出的图标中选择 ［聚光灯］，这样就在场景中创建了一盏聚光灯，将其移动旋转到合适位置上。在参数面板中把Power［能量］值设置为200，这样刚好照明整个山体，然后设置Spread［扩散］为42.5，Falloff［衰减］为190，设置Color［颜色］色块为青蓝色，值为RGB（29，56，74），如图6.025所示。

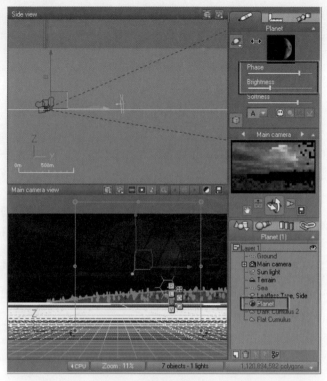

图6.024

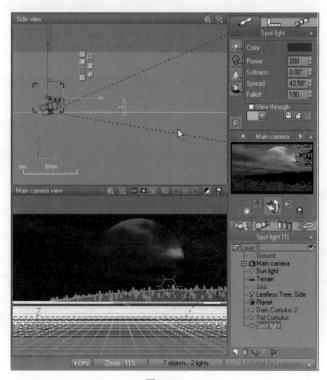

图6.025

25. 添加灯光特效

最后添加灯光特效。在场景中创建一盏 泛光灯，然后在侧视图中将其移动到云层上，设置它的Power［能量］值为4000，如图6.026所示。

26. 取消灯光的照明作用

接下来，我们取消灯光对当前所有物体的照明。双击![icon]按钮，进入Light Editor［灯光编辑器］面板下的Influence［影响］子面板，设置Objects influenced by light［通过灯光影响的对象］为None［无］，单击OK［确定］按钮完成设置，如图6.027所示。

27. 设置特效参数

单击![icon]按钮，开启灯光特效。在Light Editor［灯光编辑器］窗口下的Lens Flares［镜头光斑］子面板，设置Color shift［颜色条］为蓝色，RGB值为（5，4，163），设置Anamorphism［变形］为1.88，勾选Blue anamorphic streak［蓝色条

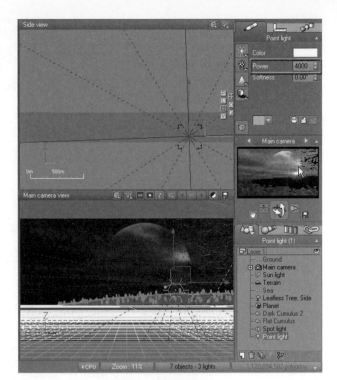

图6.026

带］，可以发现效果图中出现蓝色条带状的光线。接下来，我们勾选Random Streaks［散光］的复选框，设置Intensity［强度］值为18，Amount［数量］值为73，降低Sharpness［硬度］值为19，单击OK［确定］按钮，观察预览的效果，比较曝光的闪光效果，如图6.028所示。

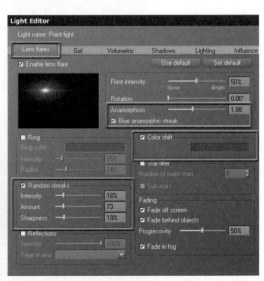

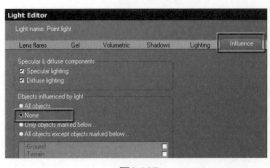

图6.027

图6.028

28. 调整位置

然后我们选择行星对象，向上移动，旋转摄影机，将亮度再次降低，渲染效果如图6.029所示。

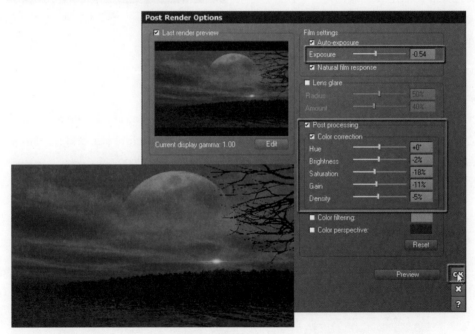

图6.029

29. 后期处理

单击 ⬛ 后期按钮，降低Exposure［曝光］值为-0.54，勾选Post Processing［后期处理］选项，然后勾选Color correction［颜色校正］选项，在其中降低Brightness［亮度］值为-2，降低Saturation［饱和度］值为-18，Gain［增益］值为-11，Density［密度］值为-5，单击OK［确定］按钮，完成最终渲染，如图6.030所示。

图6.030

07 椰风海韵

本案例将使用Vue软件制作沙滩的效果，如图7.001所示。图中包含这样一些元素，水面、沙地、石头和植物，在视图中海滩与沙地衔接部分过渡自然，形成一种非常真实的沙滩效果，而岩石上的植物下又能隐约看出湿润的土壤，这样的效果如何制作呢？我们可以先将水面制作出来，然后生成山地，其中可以通过水面的高度确定山地的形态，这对整体构图有很大的帮助。

图7.001

1. 创建场景

➥步骤 01：渲染设置

按下键盘上的Ctrl+F9键，打开Render Options［渲染设置］对话框，将Render in main View［渲染到主视口］切换为Render to screen［渲染至屏幕］；设置Picture size and resolution［画面大小与分辨率］为640×640，单击Ok［确定］按钮完成设置，如图7.002所示。

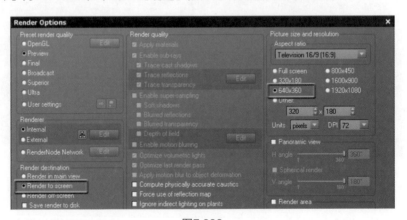

图7.002

➥步骤 02：创建水面

单击 [水面] 按钮，双击视图右下角属性面板中的Sea［海］对象，这时弹出Water Surface Options［水面选项］窗口，由于水面比较浅，所以我们提高面板中的Surface altitude［表面海拔］值，设置为40m，如图7.003所示。

166

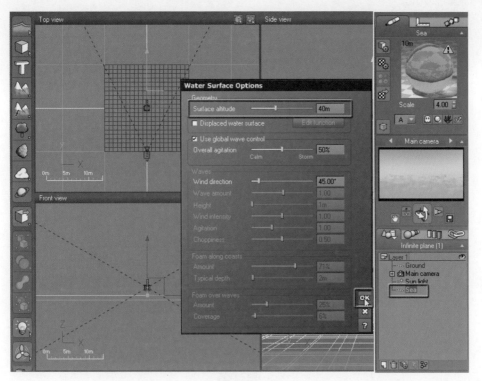

图7.003

⬛步骤03：创建山地

单击 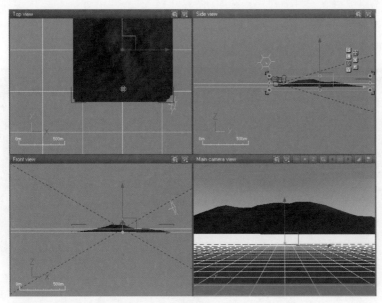[地形] 按钮创建一个山地对象，使用 [缩放] 工具将山地整体放大，观察比例，大约为500m，然后在侧视图中将高度进行缩放，并移动到合适位置，整体构图如图7.004所示。

图7.004

⬛步骤04：调节摄影机

选择摄影机，将它向上移动并向下旋转，形成俯视的角度，出现水和山交界的效果，如图7.005所示。

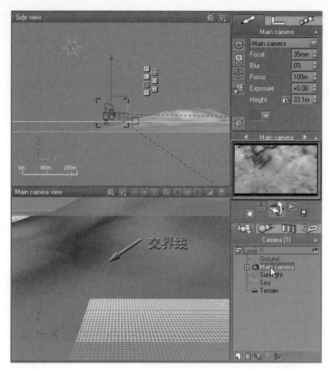

图7.005

步骤 05：绘制沙滩

（1）双击Terrain［地形］对象，进入到编辑面板，在上方的工具栏中单击 按钮，将所有物体显示出来。这样，通过当前海水和摄影机的位置，调节山地的高度。选择2D Raise［2D浮雕］笔刷，勾选Invert［反转］，将山体降低，如图7.006所示。

在绘制的过程中，如果发现山地被刷得太低了，可以取消勾选Invert［反转］，将山地刷高。也可以通过Flatten［抹平］笔刷工具调整山地。

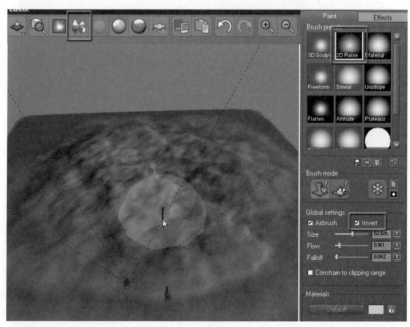

图7.006

（2）观察发现山体不是很均匀和平滑，所以我们选择Smooth［平滑］工具，将Size［大小］、Flow［流量］值做适当调节，制作出比较平滑的效果，渲染效果如图7.007所示。

图7.007

↘↘↘ 注释信息

这里需要根据效果图调节各属性值，并反复测试渲染效果，直到满意为止。如图7.008所示，在测试时注意渲染的细节。

↘ 步骤 06：创建石头

（1）单击 ◀ ［岩石］按钮创建石头，使用缩放工具将石头放大。在这里我们根据石头的形状决定石头摆放的位置，发现刚刚创建的石头符合后面岩石的形状，摆放位置如图7.009所示。

图7.008

图7.009

（2）用同样的方法创建多个石头，并调整它们的大小、位置，完成石头的摆放，形成一个沙滩岩石群的效果，如图7.010所示。

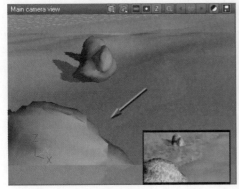
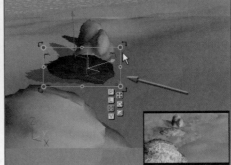

图7.010

↘↘↘ 注释信息

由于石头的形态是随机的，所以我们尽量选择比较圆滑、扁平的石头，放在离镜头近的位置。层次丰富的石头放在远处。要注意石头的摆放，要有疏密关系，构图要有层次感。

第7课
椰风海韵

2. 调节水面及沙滩材质

接下来调节场景中所有物体的材质，通过观察分析得出，近处的岩石颜色绿中泛黄，而远处则为灰色；沙滩的材质比较特殊，分为两层，越靠近水面的地方颜色越深，因为这时被海水打湿了，而远处的沙滩颜色就相对浅一些；最后是水面，也出现了分层的效果，浅一点的地方会露出沙子，中间颜色泛绿，而最深处则表现为蓝色。

步骤 01：调整水面材质

（1）首先从大面积的水面入手。在属性面板中选择Sea［海］对象，单击 █［指定材质］按钮，打开Please Select a material［选择材质］窗口，选择Animated［动画］目录下的Troubled Water［扰动的水面］材质，如图7.011所示。

图7.011

（2）调整水面材质，将材质的Scale［缩放值］设置为0.1，渲染效果如图7.012所示。

图7.012

步骤 02：调整沙滩材质

（1）在属性面板中选择Terrain［地形］对象，单击 █［指定材质］按钮，打开Please Select a material［选择材质］窗口，选择Landscapes［地貌］目录下的TerrainScapes［地形景观］选项，在右侧的示例中选择Sand［沙地］材质，如图7.013所示。

（2）如果觉得沙地的纹理效果过大，可以将材质的Scale［缩放］值设置为0.5，如图7.014所示。

图7.013

图7.014

（3）我们选择Sun light［太阳光］对象，在z轴方向上移动，在顶视图中向右上方移动，当我们将灯光变动位置之后，发现材质的表面也发生了改变，如图7.015所示。

图7.015

步骤 03：调节水面材质细节

选择水面对象，按下 按钮，打开材Advanced Material Editor［高级材质编辑器］，进入Transparency［透明］选项卡中，设置Fading out［深水］值为68%，使其更加偏向Murky［浑浊］，该参数滑块向左表示海水颜色较清，向右表示海水颜色较浑浊。单击Fade out color［深水颜色］后的色块，设置为蓝色更深，RGB参考值为（37，64，87），然后将Light color［灯光颜色］后的色块的绿色设置为偏向青色，RGB参考值为（105，233，197），渲染效果如图7.016所示。

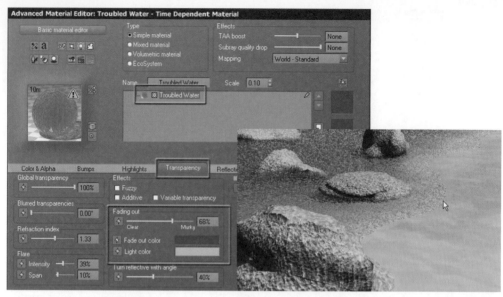

图7.016

步骤 04：调节沙滩材质细节

（1）选择Terrain［地形］对象，按下▒按钮，打开Advanced Material Editor［高级质编辑器］。为了观察方便，单击▒按钮将材质设置成材质球显示方式。

由于沙滩的部分浸入海水，与其他部分干的沙子材质不同，所以我们需要更改材质的类型。选择Type［类型］参数组中的Mixed material［混合材质］。这时默认的混合材质是空白的，在Sand［沙地］材质上单击鼠标右键，在弹出的菜单中选择Copy Material［复制材质］命令，然后在Material（即混合的空白材质）［材质］上单击鼠标右键，在弹出的菜单中选择Paste Material［粘贴材质］命令，如图7.017所示。

（2）选择第1个子级别Sand［沙地］材质，进入Color & Alpha［颜色和通道］选项卡中，单击Overall color［整体颜色］后面的色块，在弹出的Color Selection［颜色选择］面板中，将颜色调深后，单击OK［确定］按钮完成设置，如图7.018所示。

图7.017

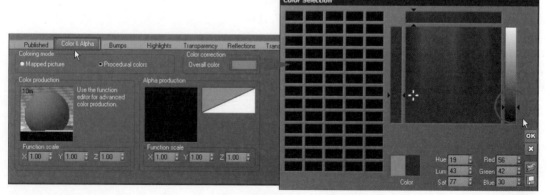

图7.018

（3）返回到顶级别Sand［沙地］材质中，在Influence of environment［环境影响］选项卡中勾选Distribution of materials dependent on local slope, altitude and orientation［依据局部斜率、海拔和方向进行混合］，然后单击按钮，可以看到材质出现了一种类似于顶底材质的效果；然后调整Mixing proportions［混合比例］参数的滑块，调整两个材质的混合高度，直到沙子的深浅混合位置适当为止，渲染后的效果如图7.019所示。

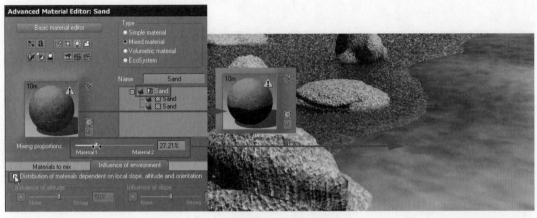

图7.019

（4）现在沙子的纹理太大了，将沙地材质的Scale［缩放］值改为0.10，调整后的效果如图7.020所示。

步骤 05：调整灯光

按下F4键打开Atmosphere Editor［大气编辑器］面板，调整Light［灯光］选项卡中Global lighting adjustment［全局灯光调整］参数组中的参数，使灯光更明亮一些；然后调整一下灯光的位置，将石头的阴影表现得更硬朗，如图7.021所示。

图7.020

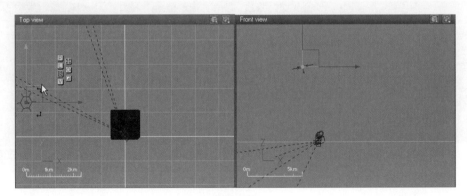

图7.021

图7.021（续）

↘↘↘ 注释信息

通过上面的教学，就可以基本完成沙地和海水的设置，但是这里会觉得海水材质的颜色偏青，而且纹理较大，沙地材质也不够细腻。这时就需要根据场景，反复调节参数来完成材质的设置。最终渲染效果如图7.022所示。

图7.022

3. 石头材质的制作

↘步骤 01：调整近处的石头材质

（1）选择画面中离镜头最近的石头。单击 ▨ ［指定材质］按钮，在弹出的对话框中选择 Displacement Materials ［置换材质］下的Rock 2 ［岩石2］材质，如图7.023所示。

图7.023

（2）按下 ▨ 按钮，打开Advanced Material Editor ［高级材质编辑器］。选择Type ［类型］参数组中的Mixed material ［混合材质］选项，并且将Rock 2 ［岩石2］材质复制到新的Material ［材质］上。调整两个Rock 2［岩石2］子材质的Scale［缩放］值分别为0.1和0.5。选择Rock 2［岩石2］主材质，拖动Mixing proportions［混合比例］滑块，将混合值设置为55.40%，如图7.024所示。

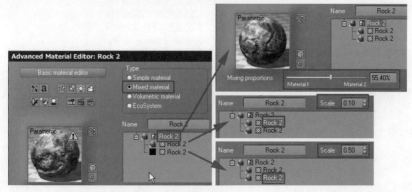

图7.024

（3）细化石头材质，分别选择第2个Rock2材质和第1个Rock2子材质，把它们的Depth［深度］值分别设置为0.5和0.3，如图7.025所示。

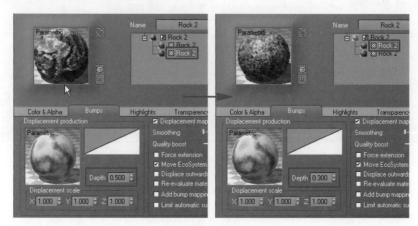

图7.025

（4）渲染后发现石头的材质很细腻，但是构图的角度不好，造成阴影面积过大。选择相应的岩石，使用移动工具更改石头的位置，如图7.026所示。

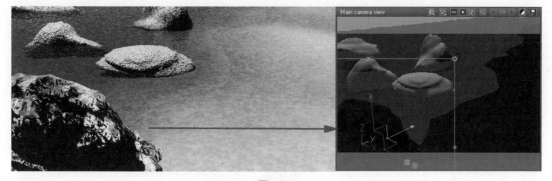

图7.026

（5）目前石头的颜色比较适合高山峭壁，不像海滩的石头。修改第1个Rock2子材质的Overall color［整体颜色］为土黄色，略微有些发红，参考值为RGB（117，92，65）。修改第2个Rock2子材质的Overall color［整体颜色］为土绿色，参考值为RGB（147，136，99），如图7.027所示。

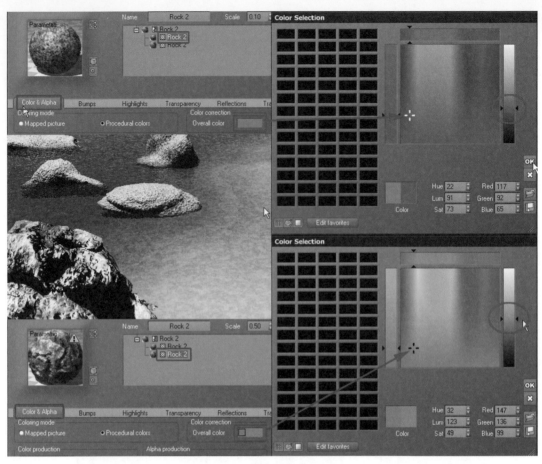

图7.027

步骤 02：调整远处的石头材质

（1）进入世界浏览器的材质子标签面板，选择Chipped材质。单击 [指定材质] 按钮，再次选择近处石头使用的Rock2材质，单击OK [确定] 按钮，这时远处的4个材质就全部换成了Rock2 [岩石2] 材质，如图7.028所示。

（2）远处的材质调节方法和近处是相同的。只是要注意远处的石头在海中，受海水冲洗比较严重，所以上面没有绿色的青苔。这样在调节材质时，就不需要将颜色调节成土绿色的了。设置完材质后，也可以根据需要再调整石头的位置，渲染效果如图7.029所示。

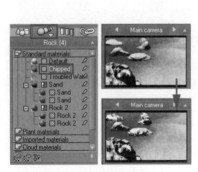

图7.028

图7.029

4. 修改海水的细节

（1）观察渲染图可以发现，远处的海水比较白，实际上应该是较深色的。这里采用了一个很巧妙的方法，就是在远处摄影机范围以外，放置两块较大的石头，对海水产生遮挡，如图7.030所示。

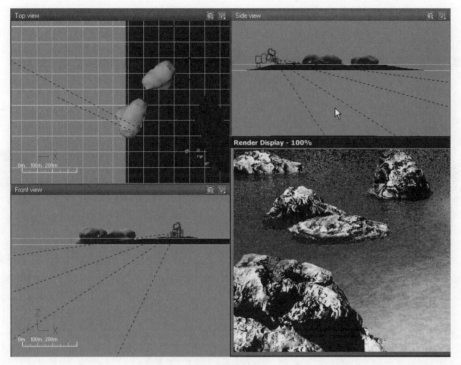

图7.030

（2）远处大石头的颜色会反射到海面上，所以会降低海水的透明度，使水面颜色变深。在属性面板中选择Sea［海］对象，单击按钮，打开Advanced Material Editor［高级材质编辑器］，进入到Transparency［透明度］选项卡中，设置Fading out［深水］值为54%，如图7.031所示。

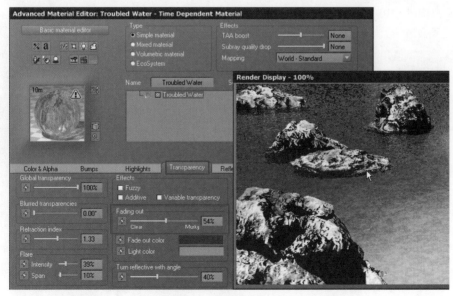

图7.031

5. 使用生态环境系统制作青苔和杂草

▶步骤 01：添加石头上的青苔

（1）选择近处的石头，单击▓按钮，打开材质编辑器，选择Type［类型］参数组中的 EcoSystem［生态系统］。单击 Add...［添加］按钮，在弹出的菜单中选择Plant［植物］命令，在弹出的面板中，选择Grasses-Plants［草本植物］下面的Patch of Grass［草堆］植物类型，单击OK［确定］按钮关闭面板，如图7.032所示。

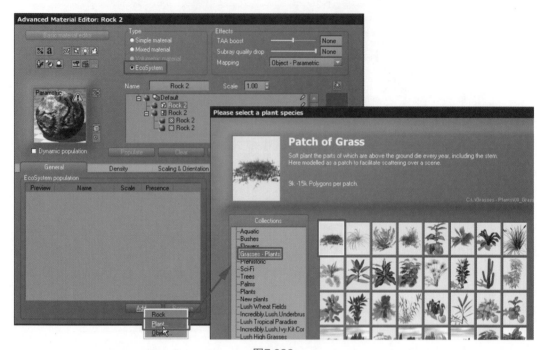

图7.032

（2）单击 Paint［绘制］按钮，打开EcoSystem Painter［生态系统绘制］面板，为场景中种植青苔。设置Tool［工具］类型为Brush［笔刷］，调整Scale［比例］值为2.047，调整Direction from surface［表面方向］值为33%，这个值用于控制植物生长与物体表面的角度。设置好后，在视口中近处石头上面，通过单击绘制青草。注意每次不要绘制过多，可多次重复单击，如图7.033所示。

（3）如果觉得青苔太多了，可以在EcoSystem Painter

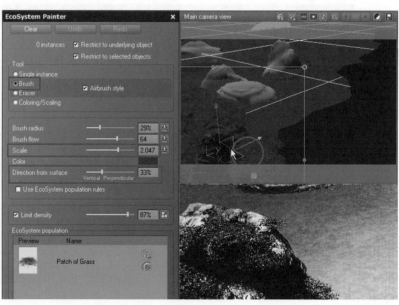

图7.033

[生态系统绘制] 面板中，设置Tool [工具] 类型为Eraser [橡皮擦]，设置Brush radius [笔刷半径] 值为16%；然后在视口中单击绘制好的青苔，将青苔减掉一部分，如图7.034所示。

图7.034

↘ 步骤 02：添加地面上的杂草和土壤

（1）在属性面板中选择Terrain [地形] 对象，与在石头上种植青苔的方法相同，只是需要选择一种较长的草，本例中使用的是Grasses-Plants [草本植物] 下面的Long Grass [长叶草] 类型；然后也通过绘制的方式，在沙地上种植杂草，如图7.035所示。

图7.035

（2）沙地上是不会长草的，所以我们还需要为杂草制作出一块土壤。单击 [地形] 按钮，创建一块山地作为土壤。在Terrain Editor [地形编辑器] 中，使用Smooth [平滑] 工具，将山地的顶端进行平滑；然后选择一个合适的位置，调整大小比例，放在草地下面，如图7.036所示。

（3）单击 [指定材质] 按钮，打开Please Select a material [选择材质] 窗口，选择Landscapes [地貌] 目录下的Sediment [沉积] 材质，如图7.037所示。

图7.036

图7.037

（4）现在的土壤效果与沙地非常接近，需要调整它的颜色。单击 按钮，打开［高级材质编辑器］，修改Mountain10、Stones和Dry Clay子材质的Overall color［整体颜色］的颜色值，将颜色调深，参考值为RGB（54，45，38）。这样杂草和土壤就基本完成了，如图7.038所示。

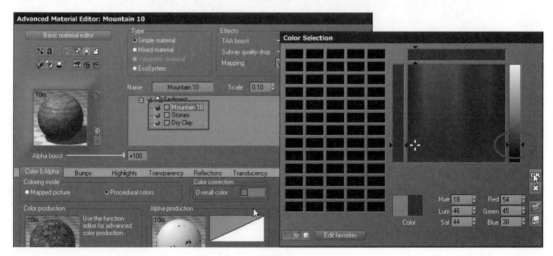

图7.038

6. 石头细节处的调整

↘步骤 01: 添加石头的补光

单击工具栏上的  按钮，为场景添加一盏泛光灯，并将其调整到合适的位置。设置泛光灯的Power［能量］值为100。这样石头的暗面就被照亮，如图7.039所示。

图7.039

↘步骤 02: 修改石头的颜色

海边的石头在日晒的情况下会微微发红。调整一下它们的颜色，让其稍微偏土红一些。渲染效果如图7.040所示。

图7.040

7. 制作泡沫

（1）在属性面板中选择Sea［海］对象，单击 按钮，打开［高级材质编辑器］，单击
［添加］按钮，打开Please Select a material［选择材质］窗口，选择Meta Waters［动态水面］

下的Wavy Shore［海滩波浪］材质；然后单击Ok［确定］按钮，这时大海的材质就被添加了Foam［泡沫］和Water［水］子材质，如图7.041所示。

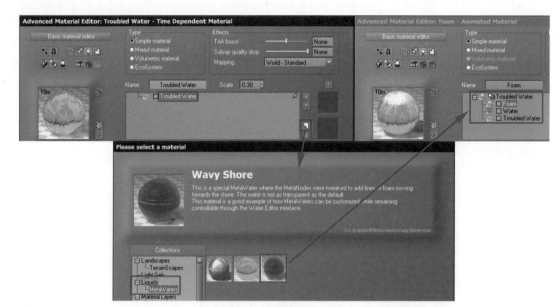

图7.041

（2）选择Water［水］子材质，单击 🗑 ［移除］按钮，将水的材质删除后，泡沫的效果就变得明显了；然后调整Alpha boost［Alpha增加］值为-53%，让泡沫更细腻。打开Transparency［透明］选项卡，设置Global transparency［全局透明度］值为25%，这样泡沫就具有透明度了，如图7.042所示。

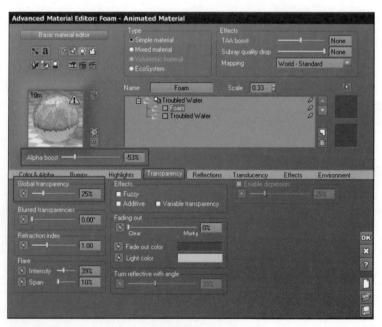

图7.042

（3）单击 ▦ 按钮，打开时间线。单击 ✎ 按钮，在弹出的菜单中，取消Auto-Keyframing［自动关键帧］的勾选。拖动时间滑块，可以观察到泡沫产生了动画效果。选择喜欢的位置进行渲染就可以了。渲染效果如图7.043所示。

图7.043

8. 最终渲染

本案例中，泡沫效果并不适合这个场景。上面所讲述的知识点仅为读者提供学习参考。最终渲染前，我们先删除Foam［泡沫］子材质，恢复到前面完成的效果。

在渲染窗口中单击■按钮，打开Post Render Options［后期渲染选项］窗口，对图像整体的曝光、色相参数进行调整。调整完成后，可单击Preview［预览］按钮查看效果，完成的效果如图7.044所示。

图7.044

08 穿云夺雾

在本案例中，我们将使用Vue软件学习制作云彩的效果。在前面的案例中，我们涉及过云彩的制作，都是从地面上仰视，而在本课中，我们将制作一种在天空中俯视云彩的效果。

范例分析

如图8.001所示，云层的层次感、远处的光晕、受到的光照，以及非受光面这些细节，都做得非常逼真。由于云层要涉及到运动，摄影机就要跟随运动，所以在这个案例中，我们将动画知识点也融入其中。

图8.001

制作步骤

1.渲染设置

为了提高制作速度，我们需要预先进行渲染设置。按下键盘上的Ctrl+F9键，打开Render Options［渲染选项］对话框，在该对话框中，将Render in main View［渲染到主视口］切换为Render to screen［渲染至屏幕］；并且将渲染的尺寸比例设置为Free［自由］方式，在下面的other［其他］尺寸中将测试渲染的大小设置为320×130；设置完成后单击 OK ［确定］按钮，如图8.002所示。

2.调整太阳光位置

在视图中选择Sun light［太阳光］，然后在Side view［侧视图］中，将太阳光移动到正对摄影机的位置，如图8.003所示。

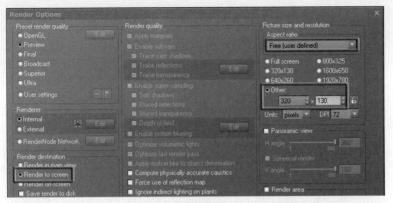

图8.002

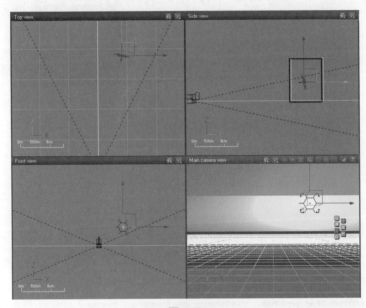

图8.003

3. 添加云彩

按下F4键打开Atmosphere Editor
［大气编辑器］面板，在Cloud［云
层］选项卡下单击 Add ［添加］
按钮，在弹出的材质对话框中，选择
Clouds［云］类型中Spectral2预设下
的Thick Cumulus Layer［厚层积云］材
质，因为这种体积云与最终效果非常接
近；然后我们单击 OK ［确定］按钮，
并设置Altitude［海拔］参数为200，
如图8.004所示。

4. 调整摄影机位置

选择Main camera［主摄影机］对
象，在侧视图中将其向上移动到云层上

图8.004

方，并观察预览视图中的整体构图；然后我们进入Numerics［数值］面板，将摄影机的z轴高度设为705，如图8.005所示。

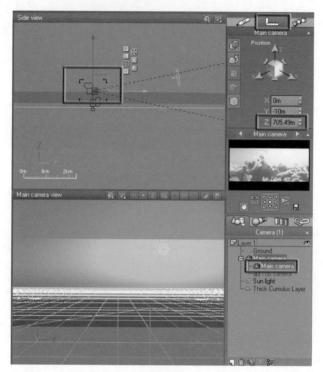

图8.005

5.调整云彩各项参数

将Height［高度］降低为216，Cover［覆盖］降低为84，默认密度，Opacity［不透明度］设为57， Detail amount［细节值］设为74，如图8.006所示。

图8.006

6.曝光处理

由于整个画面过于曝光，没有蓝天，所以我们进入Atmosphere Editor［大气编辑器］面板，在Sky,Fog and Haze［天空，雾和霾］选项卡下，将Decay mean altitude［衰减海拔］值降低为4.063，设置Scattering anisotropy［散射各向异性］值为0.95，增大Glow intensity［发光强度］值为17，设置Haze mean altitude［阴霾平均海拔］值为3.12，Haze ground density［阴霾地面密度］设为58，如图8.007所示。

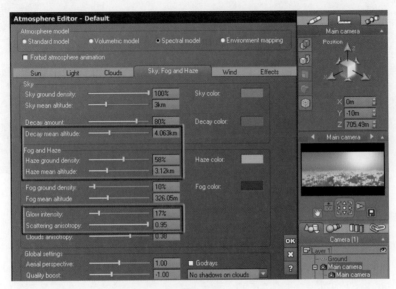

图8.007

7.设置云彩材质

① 进入Clouds［云层］选项卡，更新材质，渲染观察默认的材质，如图8.008所示。观察发现，当前的云彩过于细碎。

图8.008

② 首先将材质下方的Scale［缩放］值设置为1，然后双击材质打开［材质编辑器］面板。在其中，进入Color &Density［颜色和密度］选项卡，设置Cloud Layer detail［云层细节］中的Scaling［缩放］值为20，让云层周围细节处的云的尺寸更小一些；设置Uniformity［均匀化］值为81，让整个效果更加均匀；为了使云彩受光面亮度适中，设置Volumetric color［体积颜色］为灰色，参考值为RGB（161，159，154），如图8.009所示。

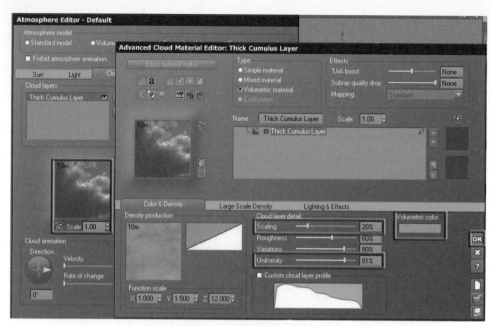

图8.009

8. 设置摄影机参数

选择当前摄影机，在属性面板中设置Focal［焦距］为20mm。旋转摄影机，使云层的面积在整个构图中占60%。返回到Atmosphere Editor ［大气编辑器］面板中，在Cloud［云层］选项卡下设置Altitude variations［海拔变化］值为500，意思是控制云层已有高度上的高度变化，如图8.010所示。

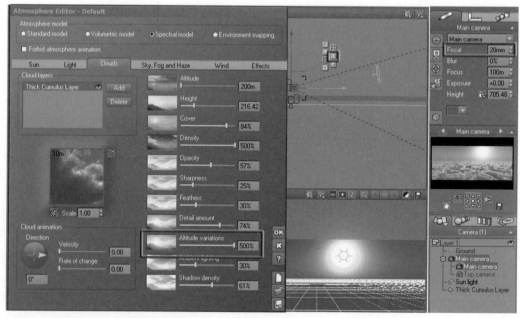

图8.010

9. 测试渲染

按下键盘上的Ctrl+F9键，设置渲染静帧参数，渲染质量设为Broadcast［广播级］，单击［确定］按钮，渲染效果如图8.011所示。

图8.011

10.后期设置

单击Render Display［渲染显示］窗口中的 ⬭ 按钮，打开Post Render Option［后期渲染选项］面板，在这里勾选Lens glare［镜头光晕］选项，并且把光晕效果的Radius［半径］值设为58，Amount［数量］值设为55；启用Post Processing［后期处理］功能，并且勾选Color correction［颜色校正］选项，设置Saturation［饱和度］值为2，Gain［增益］值为25，Density［密度］值为-9，调整完成后单击 Preview ［预览］按钮，即可在窗口中预览效果，如图8.012所示。

图8.012

11. 制作动画效果

（1）设置摄影机动画与云层流动动画。单击工具面板中的 ⬚ 按钮，弹出的动画控制面板是动画设置的一个简单向导，在这里我们将它关闭。这时可以看到，在画面下方出现了时间标尺，按住按钮，在弹出的菜单中选择Auto-Keyframing［自动关键点］，将其开启；然后将事件滑块拨到第5秒，在侧视图中的*y*轴正向移动摄影机，这样就自动产生了红色的运动轨迹，如图8.013所示。

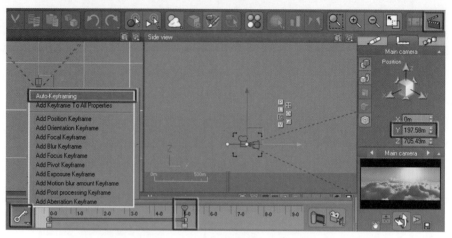

图8.013

（2）接下来设置云层动画。将时间滑块拨到第0帧，按下键盘上的F4键，打开大气编辑器窗口，在Cloud［云层］选项卡下，在Cloud animation［云层动画］参数组中设置云层Velocity［速度］为0.27，这个值越高，云层移动的速度越快；设置Rate of change［速率变化］值为0.45，让云层运动速度有快有慢，差异增大，如图8.014所示。

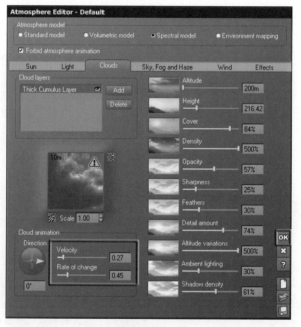

图8.014

（3）渲染设置。执行Animation＞Animation Render Options［动画＞动画渲染选项］菜单命令，在弹出的面板中设置Preset render quality［预设渲染质量］为Preview［预览］级别，Frame resolution［帧分辨率］尺寸为160×65，Animation limits［动画范围］为Render sequence［渲染序列］下的0到127帧，然后在Channel file［通道文件］中，单击 Browse ［浏览］按钮，指定存放位置。最后单击 Render animation ［渲染动画］按钮，效果如图8.015所示。

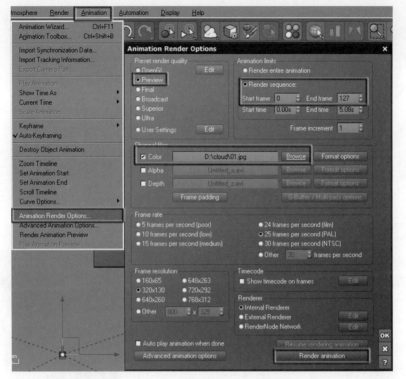

图8.015

(4) 执行File＞Options＞General Preferences［文件＞选项＞通用参数］菜单命令，单击底部 **Gamma Options....** ［Gamma选项］按钮，取消勾选Enable Gamma Correction［启用Gamma校正］，渲染效果如图8.016所示。

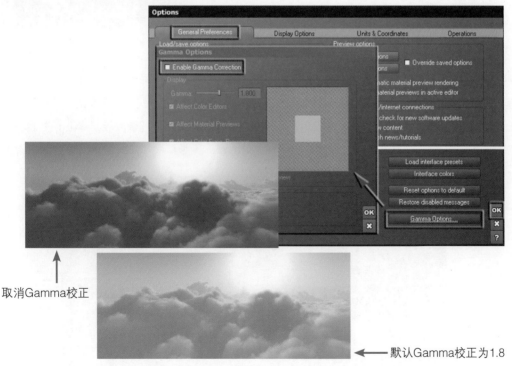

取消Gamma校正

默认Gamma校正为1.8

图8.016

风吹草动

范例分析

在这个案例中，我们将制作一个青山绿树的效果，最终的完成效果如图9.001所示，这是一张静帧图像。画面中，近处绿树的枝叶非常茂盛，从构图上来说，占了大部分的面积，而天空中露出来的部分比较少。远处的青山和炽热的太阳从树叶的缝隙中隐隐透出，太阳周围发出了淡淡的光斑。地面上的色调偏黄，远处有一些草，而近处的草比较茂盛，其间穿插着一些花朵。

在这个案例中，我们不仅要将静帧效果制作出来，还要制作出风吹草动的动画效果，让它富有动感。

制作步骤

图9.001

步骤 01：制作地面

1. 测试渲染设置

打开一个空的场景文件，按下键盘上的Ctrl+F9键，打开Render Options［渲染设置］对话框。在该对话框中，确保目前的Preset render quality［预设渲染质量］为Preview［预览］方式；把Render in main View［渲染到主视口］切换为Render to screen［渲染至屏幕］；并且将渲染的尺寸比例设置为Free［自由］方式，在下面的Other［其他］尺寸中将测试渲染的大小设置为360×480。设置完成后单击OK［确定］按钮，如图9.002所示。

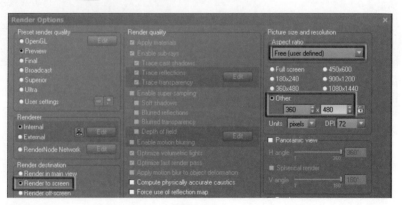

图9.002

2. 创建地形

① 单击 ▲▲ 按钮，创建一个地形，进入侧视图，使用缩放工具，将山体在z轴上缩放，使地形高度降低，看起来像一个平地而不是高山，如图9.003所示。

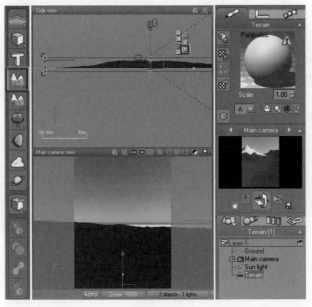

图9.003

② 选择摄影机并向后移动，形成一个合适的构图。在修改面板中，设置Focal［焦距］值为30，这样镜头广角的效果就会更加强烈，然后进行解锁，如图9.004所示。

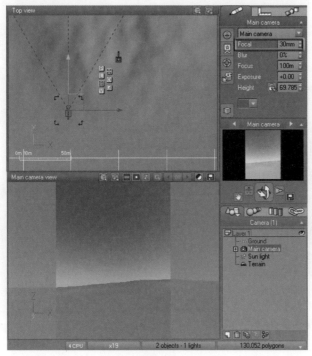

图9.004

3. 编辑地形

① 双击地形，进入,Terrain Editor［地形编辑器］窗口，根据镜头拍摄到的角度，对地形进行

编辑，选择2D Raise［2D浮雕］，将Flow［流量］值降低为0.245，Size［大小］设置为2.1，取消Invert［反向］选项的勾选，将镜头右侧的山坡加高一些，如图9.005所示。

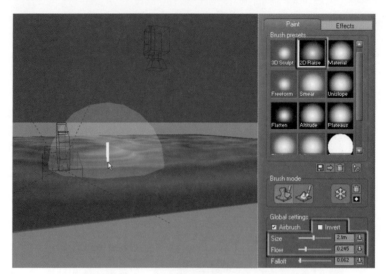

图9.005

② 在构图中，我们需要将山体和地面都平滑些，所以选择Smooth［笔刷］工具进行绘制，将Flow［流量］值增大到0.648，Size［尺寸］增大为3.83，单击 **OK**［确定］按钮完成设置，如图9.006所示。

4. 测试渲染效果

渲染测试，观察效果如图9.007所示。

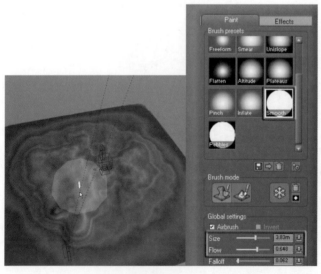

图9.006

图9.007

↘步骤 02：制作大树

1.创建近处大树

① 用鼠标右键单击 创建树，在弹出的材质对话框中选择Trees［树］预设下的Summer Cherry Tree［夏日樱桃树］材质，如图9.008所示。

图9.008

② 将树移动到摄影机视图左侧，旋转选择合适的角度，如图9.009所示。

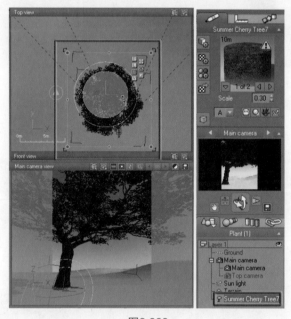

图9.009

③ 双击树对象，打开编辑窗口，设置树干的Length［长度］值为15，叶子的Length［长度］和Width［宽度］值均为-7，使叶子稍微小一些，如图9.010所示。

图9.010

④ 使用缩放工具，整体进行缩放，渲染效果如图9.011所示。

图9.011

2.创建远处的树

① 将Summer Cherry Tree［夏日樱桃树］对象进行复制，并放置到合适位置，如图9.012所示。

图9.012

② 双击复制的树对象，在弹出的窗口中设置树干Length［长度］值为5，叶子的Length［长度］值为-5，单击 New plant［新植物］按钮，随机产生一个新的姿态，旋转移动到合适位置，渲染效果如图9.013所示。

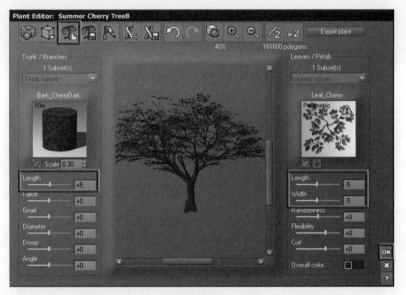

图9.013

③ 对树依次进行复制，摆放至合适位置，使每棵复制的树木都形成新的形态，最终渲染效果如图9.014所示。

图9.014

步骤 03：制作花

1.创建花

① 用鼠标右键单击植物按钮，在弹出的窗口中选择配套光盘提供的两种花，其中一种为 Lush Field Poppy – New Version［茂密的虞美人-新版］类型，这是一种红色花朵，单击Ok［确定］按钮完成设置，如图9.015所示。单击按钮，将其降落在地面上，并移动到镜头前。

图9.015

② 再次单击 按钮，在弹出的窗口中选择Lush Field Daisy［茂密田野雏菊］类型，这是一种白色花朵，然后将其移动到镜头前，如图9.016所示。

图9.016

③ 再次单击 按钮，在弹出的窗口中选择Flowers［花卉］目录下的Red Flowers［红花］类型。向上移动，然后单击 按钮，使其落到地面上，并移动到合适位置，如图9.017所示。

图9.017

④ 将3朵花移动到镜头前，渲染效果如图9.018所示。

2. 编辑花

① 双击Lush Field Poppy［茂盛的虞美人］花对象，在打开的编辑窗口中设置Length［长度］值为33，并在Leaves/Petals［叶子/花瓣］参数组下选择Petals subset［花瓣子对象］，将花瓣Length［长度］设为17，Width［宽度］设为12，如图9.019所示。

② 在该参数组下选择Leaves subset［叶子子对象设置］，将Length［长度］设置为-13，Width［宽度］设置为2，单击 OK［确定］按钮完成设置，如图9.020所示。

图9.018

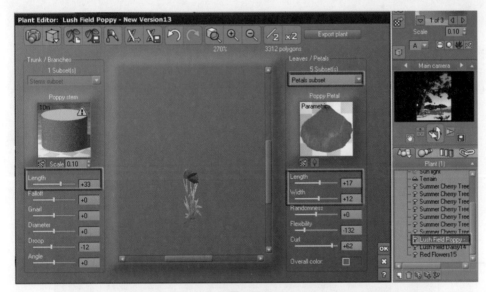

图9.019

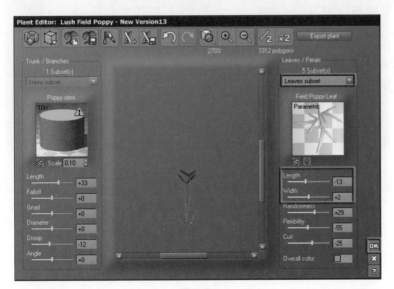

图9.020

③ 接下来双击Lush Field Daisy［茂盛田野雏菊］对象，在弹出的编辑窗口中设置Length［长度］值为26，在Leaves/Petals［叶子/花瓣］参数组下选择Leaves subset［叶子子对象设置］，设置Length［长度］值为-30，Width［宽度］值为-15，如图9.021所示。

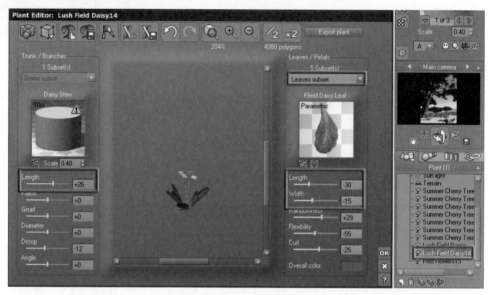

图9.021

④ 选择Petals Subset［花瓣子对象设置］，设置Length［长度］和Width［宽度］值均为10，单击Ok［确定］按钮完成设置，如图9.022所示。

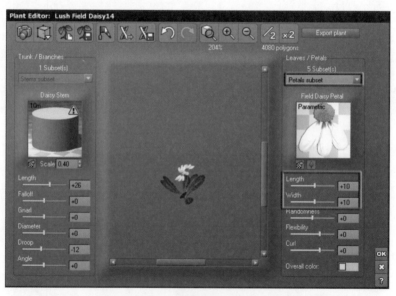

图9.022

⑤ 选择Red Flowers［红花］对象，在弹出的编辑面板中单击 New Plant［新植物］按钮，生成一个花朵数量较少的花，选择Leaf 1U subset［叶子子对象设置］，将Length［长度］值设为-10，单击OK［确定］按钮完成设置，如图9.023所示。

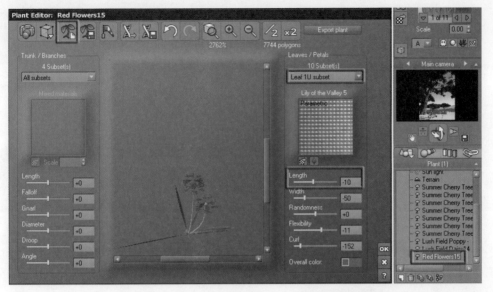

图9.023

⑥ 使用缩放工具将整体缩小，然后选择红花，按住Alt键进行复制。双击当前复制的红花，在编辑面板中单击![]按钮进行随机生成，并将其移动到合适位置。接下来，依次对花朵进行复制和随机性变化，渲染效果如图9.024所示。

▶步骤 04: 创建草

① 我们用生态系统创建草。选择地面，单击![]〔指定材质〕按钮，在弹出的对话框中选择Landscapes〔地貌〕目录下的SummerGroundCover〔夏日草地〕材质，渲染效果如图9.025所示。

② 按下键盘上的Ctrl+F9键，打开渲染设置面板，将渲染级别设置为Final〔最终〕，设置大小为901×1200，渲染效果如图9.026所示。

图9.024

图9.025

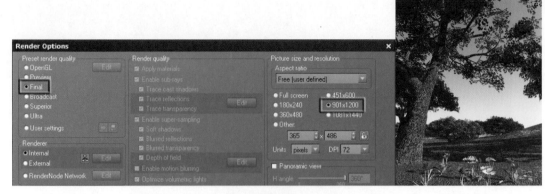

图9.026

③ 为山地添加草。选择Terrain［山体］对象，单击 按钮，打开Advanced Material Editor ［高级材质编辑器］窗口，设置材质Type［类型］参数为EcoSystem［生态系统］，进入General ［常规］选项卡，单击 Add... ［添加］按钮，在弹出的菜单中选Plant［植物］项，依次导入 Grasses – Plants［青草-植物］目录下的Patch of Grass［草堆］与Reeds［芦苇］两种类型，如图 9.027所示。

图9.027

④ 单击 Paint ［绘制］工具，打开EcoSyatem Painter［生态系统绘制］窗口。选择刚 刚加入的Reeds［芦苇］对象，并将绘制方式设置为Only selected items［仅选择项目］选项。接 下来，将Tool［工具］参数设置为Single instance［单一实例］模式，在场景中单击创建草。观察 发现，草的尺寸有些大，颜色有些发绿，在最终完成的图像上，下半部分所有草应该发黄，所以我 们要修改草的颜色与尺寸。单击Clear［清除］按钮，将Scale［大小］值降低为0.259，颜色设置为 黄绿色，RGB参考值为（237，218，20）。回到摄影机视图中进行绘制，为了便于颜色统一，我们 将颜色进行复制。这里，也可以使用Brush［笔刷］的方式创建草，调整它的限制密度，随后使用 Eraser［橡皮擦］工具将不需要的地方进行删除，渲染效果如图9.028所示。这样，第一种草就已经

种植完成了。

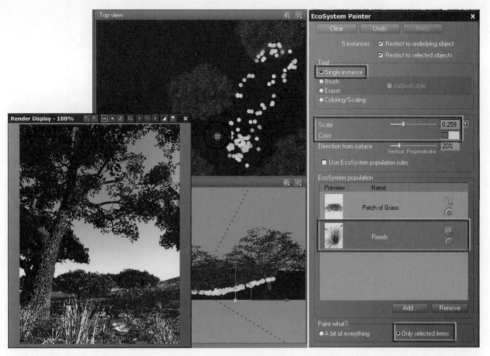

图9.028

⑤ 我们选择Patch of Grass［草堆］对象，使用笔刷工具，在视口中大面积种植，渲染效果如图9.029所示。

图9.029

↘步骤 05：创建远处青山

① 单击⛰按钮，创建地形，使用整体缩放工具将地形放大，观察摄影机视图并将地形移动到合适位置，如图9.030所示。

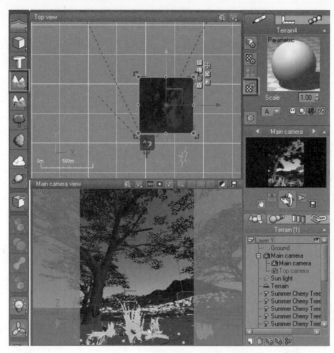

图9.030

② 接着我们调节山体材质。单击 ▦ [指定材质] 按钮，在弹出的窗口中选择Landscapes [地貌] 目录下的Grass [草] 材质，如图9.031所示。

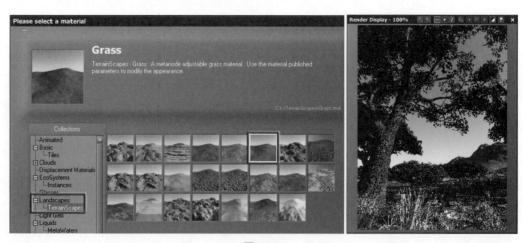

图9.031

↘步骤 06：光设置

① 调节太阳光位置。选择场景中的太阳，将其移动到摄影机中合适的位置。观察参数面板，确保勾选Point at camera [摄影机点] 选项，目的是使太阳总是指向摄影机，并散发出光芒，如图9.032所示。

② 按下键盘上的F4键，进入大气编辑器面板，进入Sun [太阳] 选项卡中，设置Size of the corona [光晕尺寸] 为15%，渲染效果如图9.033所示。

图9.032

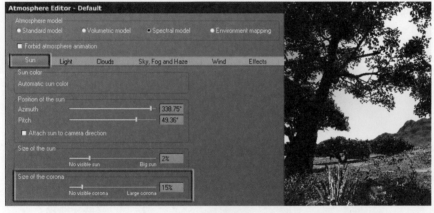

图9.033

③ 切换到Light［灯光］选项卡中，设置Global light adjustment［全局灯光调整］参数组下的Light intensity［灯光强度］值为0.43，Light balance［灯光平衡］值为63，Ambient light［环境光］值设为70，如图9.034所示。

④ 切换到Sky,Fog and Haze［天空，雾和霾］选项卡，设置Scattering anisotropy［散射各向异性］值为0.82， Sky mean altitude［天空平均海拔］值为4.855，单击Ok［确定］按钮完成设置，渲染效果如图9.035所示。

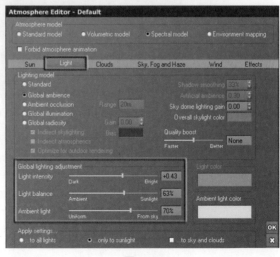

图9.034

图9.035

⑤ 观察发现，图片植物的阴影与非受光面死黑一片，如何解决呢？我们选择Sun light［太阳光］对象，单击 按钮，打开Light Editor［灯光编辑器］窗口，设置Shadow density［阴影密度］值为81，如图9.036所示。

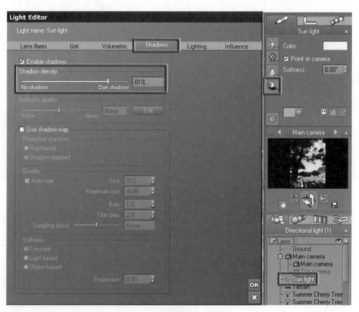

图9.036

⑥ 为场景添加辅助光源。单击 [泛光灯] 按钮，将其移动到摄影机附近，设置Power［强度］值为7，颜色为黄色，RGB参数值为（252，243，136），渲染效果如图9.037所示，这时可以看到非受光面被照亮了。

⑦ 双击Sun light［太阳光］对象，在弹出的Light Editor［灯光编辑器］面板中选择Lens flares［镜头光斑］选项卡，并启用Enable lens flare［启用镜头光斑］选项，渲染效果如图9.038所示。观察发现，由于渲染处于预览级别，所以光斑效果不是很清晰。

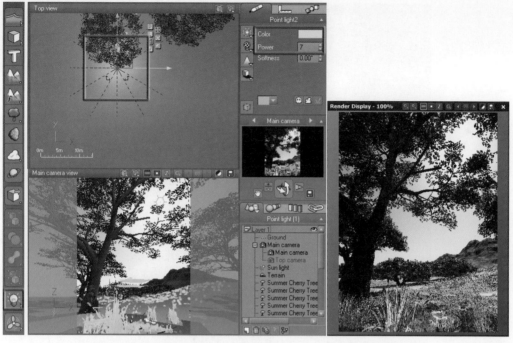

图9.037

图9.038

⑧ 选择Point light2 [点光灯] 对象，在右侧修改面板中单击 🔍 按钮，打开Light Editor [灯光编辑] 面板，进入Shadows [阴影] 选项卡，取消勾选Enable shadows [启用阴影] 选项，如图9.039所示。

步骤 07：最终渲染

① 按下键盘上的Ctrl+F9键，打开渲染设置面板。设置Preset render quality [预设渲染质量] 为Final [最终] 级别，并且将渲染的尺寸比例设置为902×1200，单击 Render [渲染] 按钮进行最终渲染，如图9.040所示。

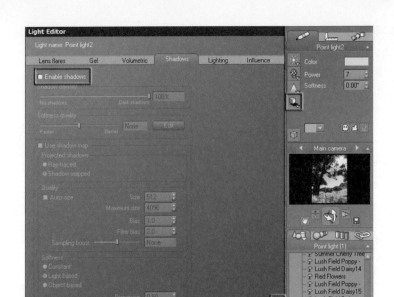

图9.039

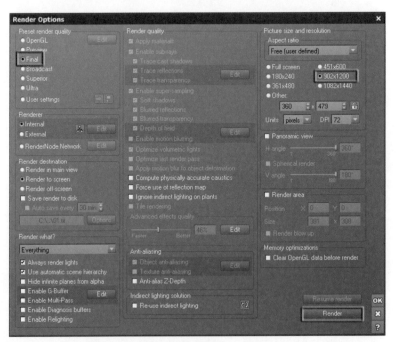

图9.040

② 单击 按钮，打开Post Render Option［后期渲染选项］面板，在这里调节图像的Exposure［曝光］值，将其设置为0；勾选Lens glare［镜头光晕］选项，并且把光晕效果的Radius［半径］值设为24，Amount［总数］值设为32；接下来启用Post Processing［后期处理］功能，并且勾选Color correction［颜色校正］选项，设置Brightness［亮度］为-4，将Saturation［饱和度］降低为-11，Gain［增益］设置为-11，Density［密度］设置为-7。调整完成后，单击Preview按钮即可在窗口中预览效果，如图9.041所示。

图9.041

步骤 08：制作动画效果

① 按下键盘上的F4键，打开Atmosphere Editor［大气编辑器］面板，进入Wind［风力］选项卡，取消勾选Enable wind（on a per plant basis）［启用风力（应用在每个植物上）］选项，同时勾选Enable breeze［启用微风］选项。接下来，设置Intensity［强度］值为25，Pulsation［速度］值设置为0.84，Turbulence［湍流值］设置为69；然后将Gusts of wind［阵风］参数组下的Amplitude［振幅］设置为0，Frequency［频率］值设置为0；设置Fluttering of leaves［树叶飞舞］参数组下的Amplitude［振幅］为8，Speed［速度］值为0.56，使树叶单独运动速度低一些。所有参数调节如图9.042所示。

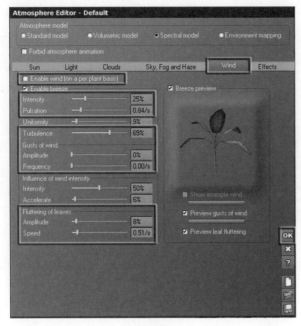

图9.042

② 单击 动画按钮将动画栏打开，单击下方的 ［渲染动画］按钮，打开Animation Render

Options［动画渲染设置］窗口。设置Preset render quality［预设渲染质量］为Preview［预览］级别；如果没有适合的尺寸，可以单击 Edit ［编辑］按钮进行设置，首先取消尺寸锁定，然后设置尺寸为600×798。设置完成后单击 Browse ［浏览］按钮指定保存路径位置，如图9.043所示。全部设置完成后，单击 Render animation ［渲染动画］按钮进行渲染。

至此，风吹草动的案例就制作完成了。

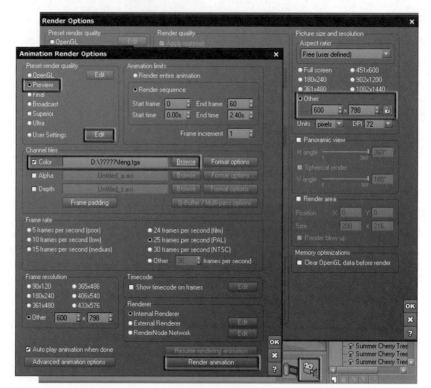

图9.043

范例分析

本例我们将使用Vue制作一个祥和小镇的效果。在这个案例中综合使用了Vue的山地、水面、植被、模型等技术，最终完成的整体小镇效果如图10.001所示。本例重点讲解Vue各个功能模块的综合使用方法和技巧。

制作步骤

步骤 01：小镇地形的制作

1. 打开Vue软件，我们从空场景开始制作。如果电脑性能不够，可以将每个视图的显示模式更改为Flat Shaded［快速成像］，提高显示的速度，如图10.002所示。

图10.001

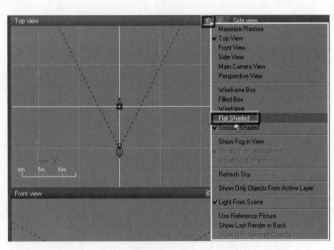

图10.002

2. 按下键盘上的Ctrl+F9键，打开Render Options［渲染设置］对话框，点选Render destination［渲染目标］参数组下的Render to screen［渲染至屏幕］模式，然后设置Picture size and resolution［图像尺寸与分辨率］参数组下的Aspect ratio［长宽比］为Photo – vertical（24：36）［照片-垂直（24：36）］模式，将大小设置为320×480，如图10.003所示。

3. 单击左侧工具栏上的 [地形] 按钮，在场景中创建一个山地，使用缩放工具和移动工具将山地放置在合适的位置，如图10.004所示。

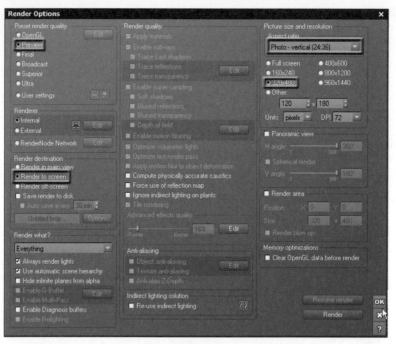

图10.003

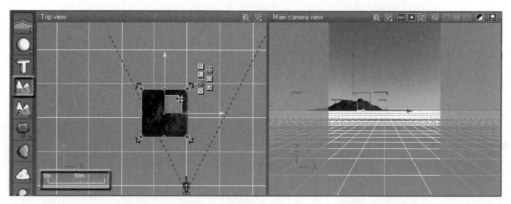

图10.004

▶▶▶▶ **注释信息**

小镇地面的单位需要注意，并不是很大，否则山地就成了山脉的效果。

4．双击山地对象，进入Terrain Editor［地形编辑器］面板，按下■按钮，将山地效果清除，然后再单击 **^** 按钮，随机创建新的山地，直到出现比较平缓的山地，如图**10.005**所示。

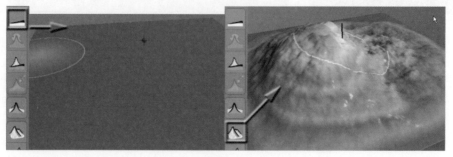

图10.005

5．进入右侧的Effects［效果］选项卡，单击Plateaus［高原］按钮，对山地进行膨胀处理，减小其细小的起伏，如图10.006所示。

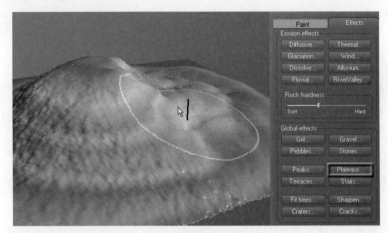

图10.006

6．进入Paint［绘制］选项卡，使用2D Raise［2D浮雕］笔刷，勾选下方的Invert［反转］选项，对山地进行绘制，让山地更加平缓，如图10.007所示。

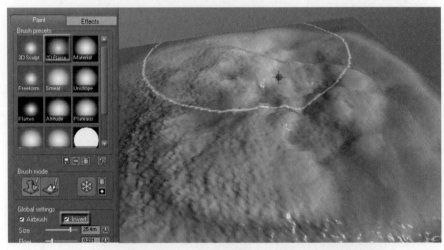

图10.007

7．在Clip［修剪］下拖曳Min［最小］端的滑块，剪掉低海拔的部分，此时山地的下面部分被删除，呈现突出的部分，这样可以模拟水面的地表，如图10.008所示。

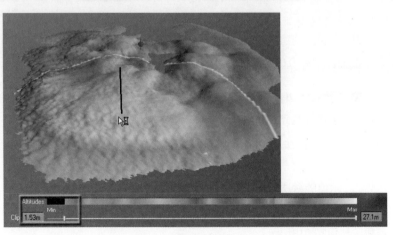

图10.008

8．退出Terrain Editor［地形编辑器］，再次调整山地的位置和大小，让其大约在镜头的30m处，单击右侧工具栏上的 ［放置到地面］按钮，使山地落在地面，如图10.009所示。

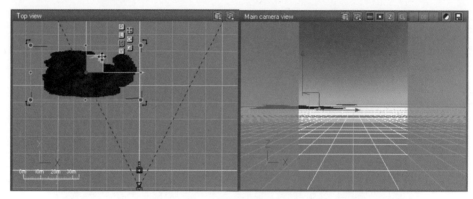

图10.009

9．多次复制此山地模型，对其进行缩放、移动、旋转等操作，将山地错落放置，留出中间小溪的位置，如果对某个山地不满意，可以单独对其进行形态的调整，如图10.010所示。

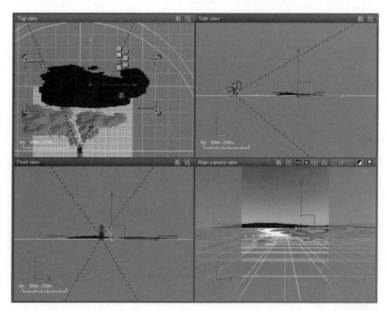

图10.010

10．此时再添加一个水面，渲染进行观察，山地和湖泊的画面就呈现出来了，如图10.011所示。

步骤02：编辑材质并导入房子模型

1．选择场景所有的山地和地面模型，观察材质为一个纯色的材质，单击材质边上的 ［指定材质］按钮，选择材质预设中的Dry Grass［干枯的草地］材质，更换材质，如图10.012所示。

2．水面的材质为一个纯净水的材质，选择水面，单击水面材质边上的 ［指定材质］按钮，选择材质预设中的Wavy Shore［海滩波浪］材质，如图10.013所示。

图10.011

图10.012

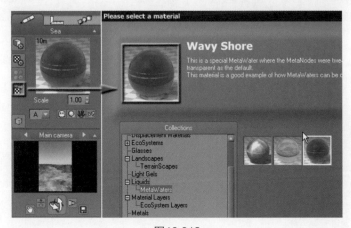

图10.013

3．此时观察预览窗口，水面上有一些白色效果，这就是材质的泡沫，但是小镇的水面不需要泡沫的效果，双击材质，打开Advanced Materiel Editor［高级材质编辑器］，将材质的Foam［泡沫］层删除，去掉泡沫效果，如图10.014所示。

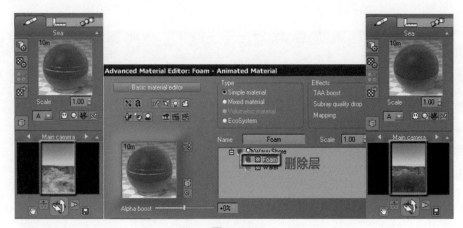

图10.014

4．渲染观察草皮的贴图效果有点大，选择场景中所有的山地和地面模型，设置材质的Scale［缩放］值为0.01，增加细节，如图10.015所示。

5．单击左侧工具栏中的Load Object［调入对象］按钮，在弹出的面板中选择配套光盘中提供的房屋模型，此时房屋就出现在场景中，适当调节其大小和位置，如图10.016所示。

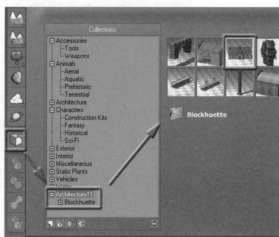

图10.015　　　　　　　　　　　　　　　　图10.016

6．将房子进行复制，对照渲染视口，调节房子的位置，让房子错落有致地铺满整个水面的两边，具体效果如图10.017所示。

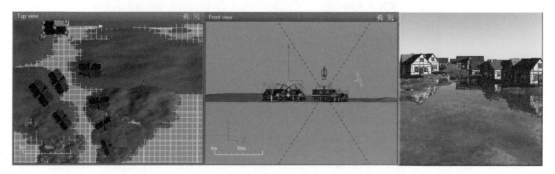

图10.017

7．单击左侧工具栏上的Load Object［调入对象］按钮，在弹出的面板中选择配套光盘中提供的风车模型，调整其位置和大小，把风车放在图像中间的后部，如图10.018所示。

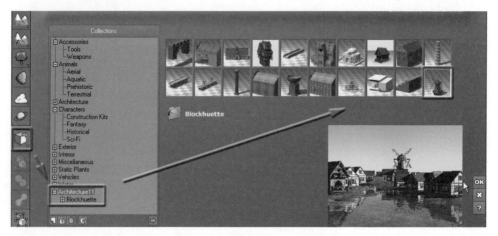

图10.018

步骤 03：制作小镇的植物

1. 单击左侧工具栏上的  ［添加植物］按钮，在弹出的面板中，选择Tree［树木］列表中名为Alder – Autumn［赤杨-秋季］的预设植物，在场景中拖曳鼠标进行创建，调整其大小和位置，将其放置在画面右侧的山地上，如图10.019所示。

图10.19

2. 为了创建更多的树，我们将树木复制，使用旋转、移动、缩放工具，将不同的树放置在场景中合适的位置上，如图10.020所示。

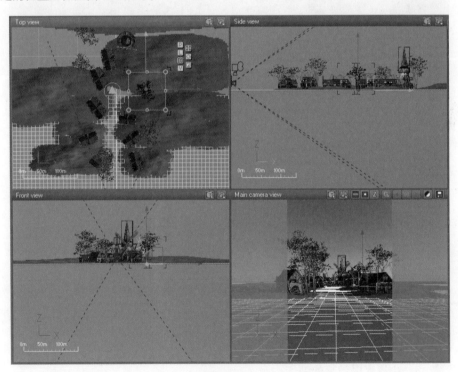

图10.020

↘↘↘ 注释信息

如果感觉场景中树木的外形重复，可以双击树木，在植物编辑器中，重新生成一个新的同种树木模型。

3. 单击左侧工具栏上的 ［添加植物］按钮，在弹出的面板中选择Rural Maple Tree［田园枫木］预设植物，在场景中创建一棵枫木，此时场景就有了两种树，如图10.021所示。

图10.021

4．选择Rural Maple Tree［田园枫木］，调整其位置，然后对其进行复制，在场景中其他合适的位置放置树木，使场景中的树木也呈现一种自然的美感，如图10.022所示。

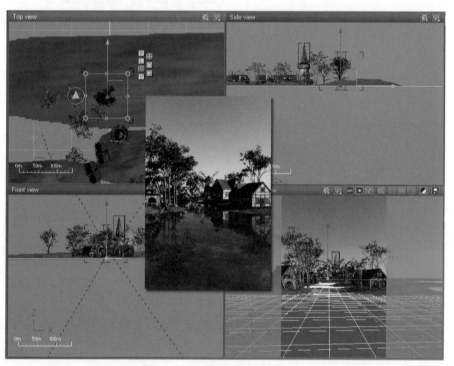

图10.022

5．观察场景，接近镜头的部分比较空，将山地的模型选择一个进行复制，在空的地方创建3个地面的模型，使其部分露出水面，使用变化工具及山地编辑器对3个模型进行编辑，让模型有不同的形态，然后添加一个预设天空并进行渲染，如图10.023所示。

◣步骤 04：小镇光影效果的制作

1．场景中材质的颜色比较亮，不符合最终需要的效果。选择所有的山地模型和地面模型，打开Advanced Materiel Editor［高级材质编辑器］，将Color&Alpha［颜色和通道］选项卡的Overall color［整体颜色］设置为深棕色，如图10.024所示。

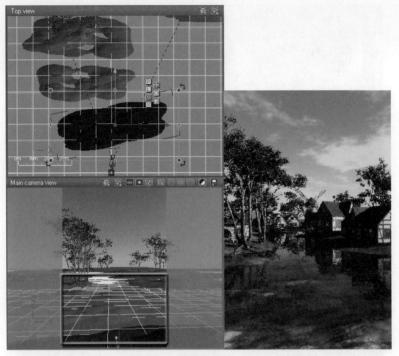

图10.023

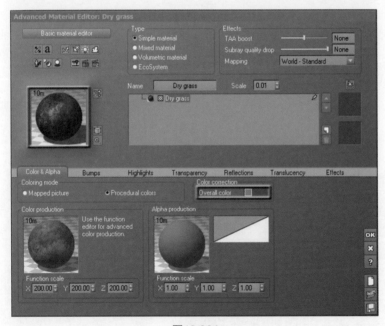

图10.024

2．选择水面的材质，打开Advanced Materiel Editor［高级材质编辑器］，将Color&Alpha ［颜色和通道］选项卡的Overall color［整体颜色］设置成深蓝色，然后进入Transparency［透明度］选项卡，设置Fading out［深水］参数组中的比例为32%，将Fade out color［深水颜色］和Light color［浅水颜色］的亮度值适当调高，如图10.025所示。

3．进入Reflections［反射］选项卡，将Global reflectivity［全局反射］值设置为13%，增加水面的反射效果，如图10.026所示。

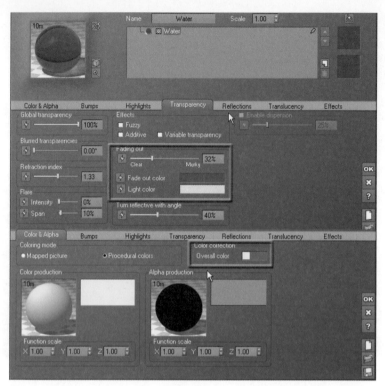

图10.025

4．单击顶部的 Paint EcoSystem［绘制生态系统］按钮，打开EcoSystem Painter［生态系统笔刷］面板，在下方的EcoSystem population［生态系统群］中添加两种植被，并加深Color［颜色］，如图10.027所示。

图10.026

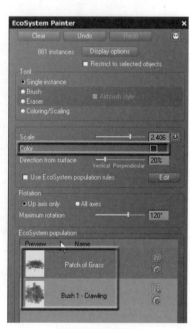

图10.027

5．在场景中绘制植被，绘制的地方集中在场景中露出水面的地表上，绘制的密度和位置可以参考最终的效果，如图10.028所示。

图10.028

6．选择场景中的太阳，将其颜色设置为黄昏的色调，模拟傍晚的效果，如图10.029所示。

7．按下键盘上的F4键，打开Atmosphere Editor［大气编辑器］，在Sun［太阳光］选项卡中，设置Azimuth［水平方向］值为248.85，Pitch［垂直方向］值为11.52，如图10.030所示。

图10.029

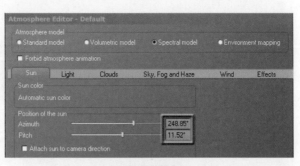

图10.030

8．进入Light［灯光］选项卡，设置Lighting model［灯光模式］为Ambient occlusion［环境吸收］模式，调整Global lighting adjustment［全局光照调整］的参数，让天空变得像傍晚，并调整Ambient light color［环境光颜色］为深蓝色，如图10.031所示。

9．进入 Clouds［云层］选项卡，单击Add［添加］按钮，添加一个Low Clouds［低云层］天空效果，并调整参数，如图10.032所示。

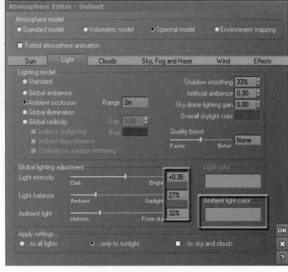

图10.031

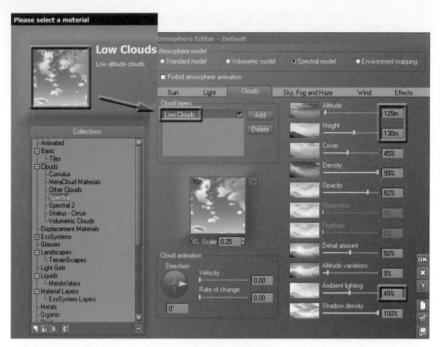

图10.032

10．进入Sky,Fog and Haze［天空，雾和霾］面板，调整天空的雾气效果，以及天空的散射效果，参数如图10.033所示。

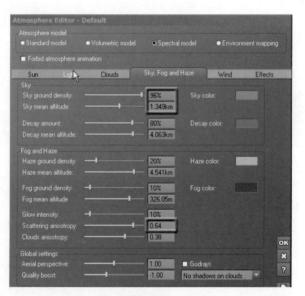

图10.033

11．此时场景中缺少一些灌木，单击左侧工具栏上的 ［添加植物］按钮，在弹出的面板中可以单击下方的浏览文件按钮，选择配套光盘中提供的灌木文件，如图10.034所示。

12．在场景中添加灌木的效果，如果对其不满意可以双击植物，进行细节的调整，如图10.035所示。

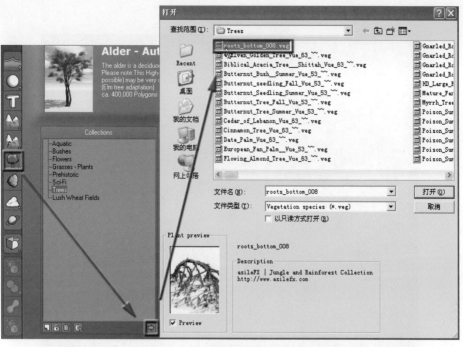

图10.034

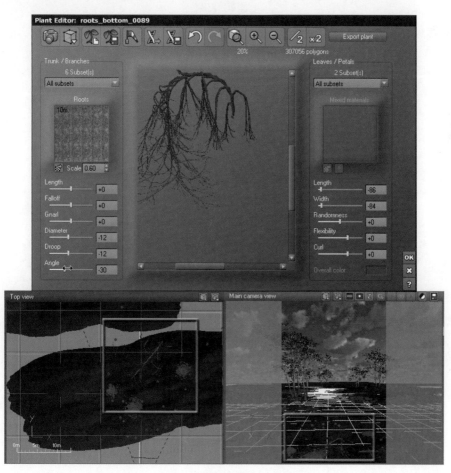

图10.035

13. 按下键盘上的Ctrl+F9键，打开Render Options［渲染设置］对话框，设置渲染级别为

Final［最终］模式，将大小设置为400×600，如图10.036所示。

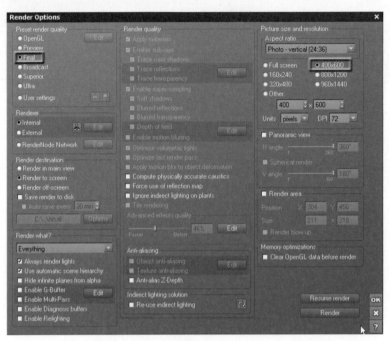

图10.036

14．渲染完成之后，简单调整图片的后期参数，完整最终渲染，具体参数设置如图10.037所示。

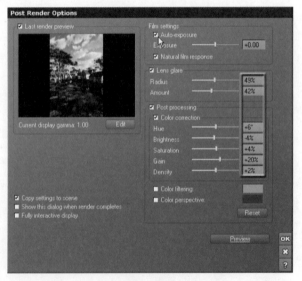

图10.037

11 湖边红亭

范例分析

在本例中，我们将使用Vue配合3ds Max制作一个庭院景观效果，其中主要效果在Vue中进行编辑，部分模型在3ds Max中进行制作，最终完成的效果如图11.001所示。在碧绿的河面上有一个红色的小亭子，远处层层叠叠的大树给我们一种森林公园的效果，在这一抹绿色中，红色的小亭子起到画龙点睛的作用。

图11.001

制作步骤

1. 山地与海面的创建

① 一般情况下，在Vue软件中为了快速地创建自然环境，我们会直接在左侧工具栏中使用山地与海面工具创建山地与水面对象，然后经过编辑达到理想的效果，如图11.002所示。这样，就完成了山地与水面的初步制作。

② 完成创建后，在右侧的Layer［层］面板中选择Terrain［地形］层，然后在Top view［顶视图］中通过移动与缩放工具控制山地的位置与整体比例尺寸，如图11.003所示。

③ 在右侧的Layer［层］面板中选择Sea［海洋］层并双击，打开Water Surface Options［水面选项］面板，设置Surface altitude［水面海拔］值为10cm，如图11.004所示。

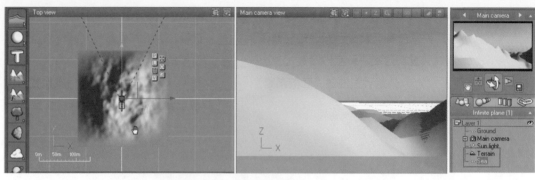

图11.002

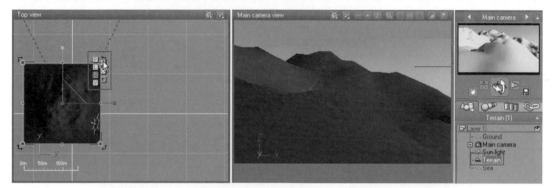

图11.003

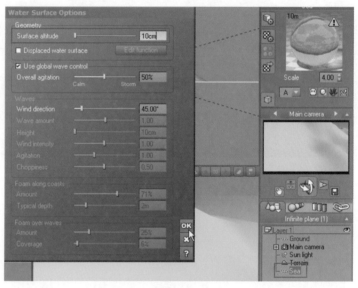

图11.004

2. 调节山地效果

① 在右侧的Layer［层］面板中选择Terrain［地形］层，然后在视图中双击地形对象，打开Terrain Editor［地形编辑器］面板，在编辑面板中可以控制山地与海洋的显示，实时进行编辑处理，如图11.005所示。

② 为了得到比较理想的丘陵状态山地，在Paint［绘制］选项中，使用2D Raise［2D浮雕］笔刷在山地表面进行绘制，配合Size［尺寸］、Flow［流量］和Falloff［衰减］参数得到比较理想的山地凹凸起伏效果，如图11.006所示。

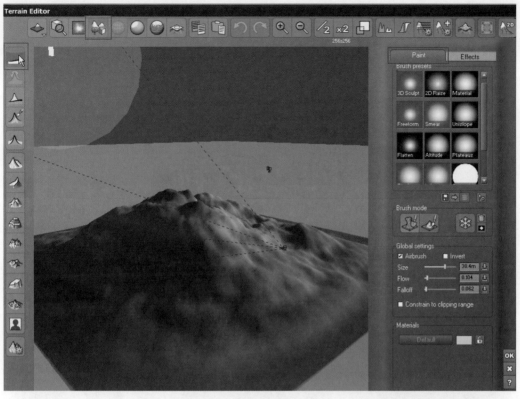

图11.005

图11.006

③ 绘制完主体部分的凹凸后，可以切换到Effects［效果］选项，调节Peaks［峰值］与Stones
［石头］参数，得到自然的纹理效果，如图11.007所示。

④ 为了准确地调整山地效果，开启海洋的视图显示，然后使用笔刷工具完善丘陵状山地的绘
制效果，如图11.008所示。

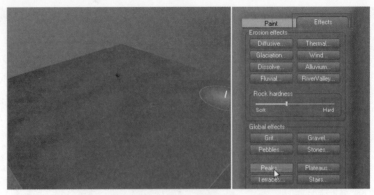

图11.007

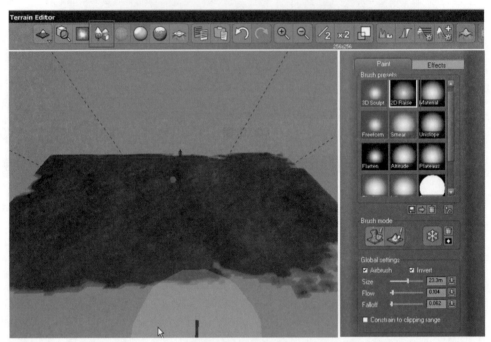

图11.008

3. 调整摄影机位置

选择摄影机层，在不同的视图中使用移动工具调整摄影机的高度与空间位置，在调节过程中可以通过摄影机视图实时观察效果，得到理想的取景效果，如图11.009所示。

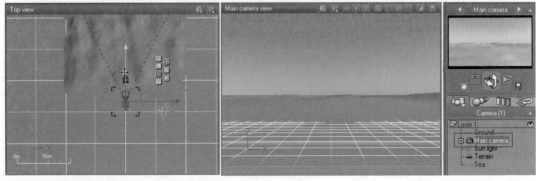

图11.009

4. 渲染设置

为了渲染的时候可以准确地观察山地与水面的效果，按快捷键Ctrl + F9打开渲染设置面板，设置Render to screen［渲染至屏幕］类型并设置输出尺寸，具体参数设置如图11.010所示。

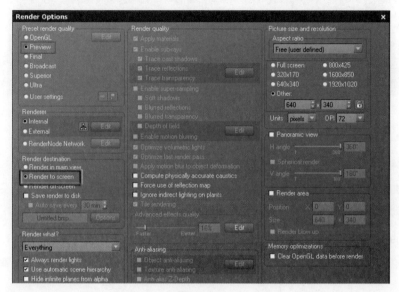

图11.010

5. 赋予草地材质

选择地面物体并单击  ［指定材质］按钮，在打开的材质列表面板中选择Landscapes［地貌］项，在内部的大量预设材质中，选择Grass［草地］材质作为地面材质效果，如图11.011所示。

6. 水面材质的赋予与编辑

① 选择水面物体并单击 ［指定材质］按钮，在打开的材质列表面板中选择MetaWaters［动态水面］中的Wavy Shore［海滩波浪］类型，用于模拟水面效果，如图11.012所示。

图11.011   图11.012

② 因为预设的材质球模拟的是海水效果，所以为了得到比较宁静的水面效果，我们进入水面材质编辑面板中，将Foam［泡沫］效果的图层删除，如图11.013所示。

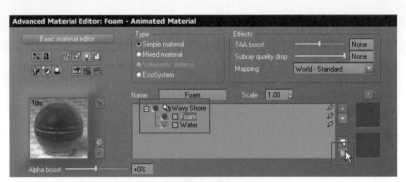

图11.013

③ 复制山地中的材质效果，将其粘贴到Ground对象中，使材质统一。

7. 山地与水面渲染

完成材质的调节后，我们可以直接渲染摄影机视图。这时可以看到，自然的天空变化下有着理想的丘陵状草地和水面，如图11.014所示。

8. 创建树木

① 在左侧工具栏中选择绘制植物工具，准备为场景增加植物树木等细节，以丰富画面，如图11.015所示。

图11.014

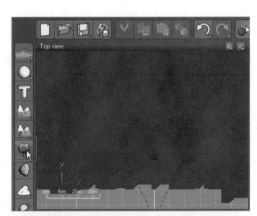

图11.015

② 在弹出的面板中，选择左侧目录位置的植物类型为"Trees"，并在右侧库文件中选择理想的树种，如图11.016所示。

③ 完成选择后，在顶视图中创建植物，为了得到合理的空间效果，在摄影机视图的帮助下，使用移动与缩放工具调节树木的尺寸和位置，如图11.017所示。

④ 如果树木形态不是很理想，可以在右侧层工具栏中选择树木层，并打开编辑窗口，重新生长新的姿态来得到理想效果，如图11.018所示。

图11.016

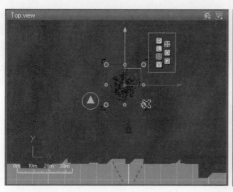
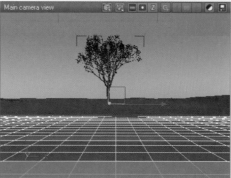

图11.017

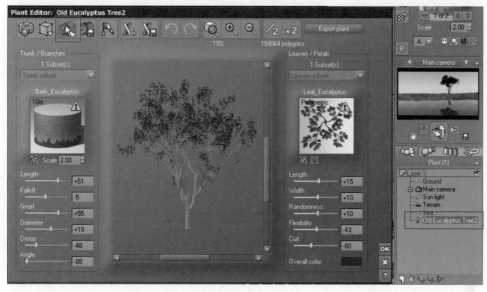

图11.018

⑤ 为了突出景别深度，使用相同的方法在空间的远景处继续创建一棵较大的树木，树种和颜色可以有所区别，然后调整它们的位置，如图11.019所示。

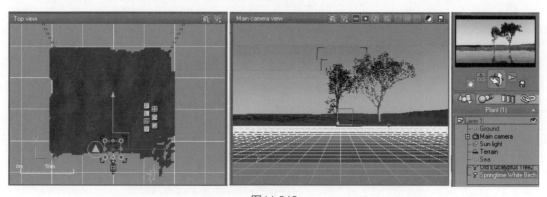

图11.019

9. 远景山地的制作

① 使用与创建地面山地相同的方法创建两处远景的山地模型，配合移动、旋转及缩放工具将其调节到适当位置，增加背景细节与空间深度感，如图11.020所示。

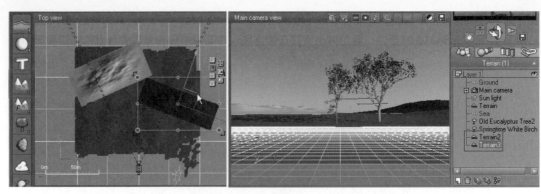

图11.020

② 完成创建后，在右侧层面板中选择创建的两个山地层，通过 ▓ [指定材质] 按钮在材质库中选择一个山地空间效果，如图11.021所示。

图11.021

10. 调整山地与树木细节

为了得到理想效果，可以在渲染测试后继续调节树木位置与姿态，根据构图要求，还可以将山地高度与颜色进行调整，完成的效果如图11.022所示。

图11.022

11. 调整水面细节

① 为了突出水面深度，在层面板中选择主体地面的山地层，在视图中双击山地模型，打开地形编辑器进行调整。使用绘制工具控制山地高度，得到理想的水面深度效果，如图11.023所示。

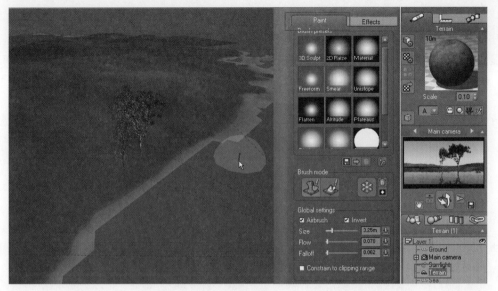

图11.023

② 完成山地的编辑后，渲染摄影机视图观察水面的深度，根据不同情况可以继续调整山地与水面的距离，从而得到理想的水面深度，如图11.024所示。

12. 创建岩石模型

① 为了增加场景细节，在主工具栏中选择![icon]生态系统绘制工具，为场景绘制岩石等元素，丰富画面。在生态系统绘制面板中，添加Rock［岩石］元素，创建方式使用Brush［笔刷］类型，并设置相应笔刷运算参数与岩石颜色等，具体设置如图11.025所示。

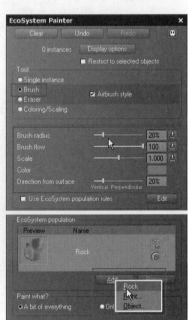

图11.024   图11.025

② 设置完成后，在地形与水面的交界处绘制岩石。为了便于观察绘制效果，可以直接在顶视图中进行绘制，完成效果如图11.026所示。

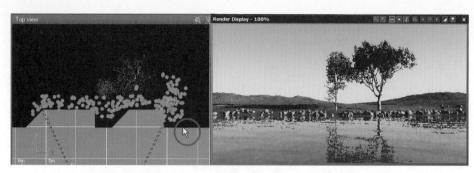

图11.026

13. 绘制植物模型

① 继续使用生态系统绘制工具，在面板中添加Plant［植物］元素，进行植物草皮的绘制。为了丰富画面，可以在植物库文件中选择Grasses-Plants［草本植物］类型中的两种矮草植物作为绿化植被，如图11.027所示。

图11.027

② 使用笔刷方式绘制绿化植物，然后根据需要可以使用Eraser［橡皮擦］擦除不需要的植物或岩石，在绘制过程中尽量按前景与远景分开绘制，如图11.028所示。

③ 渲染摄影机视图，可以观察到岸边的石头上长满了低矮的草本植物，画面显得更加自然，如图11.029所示。

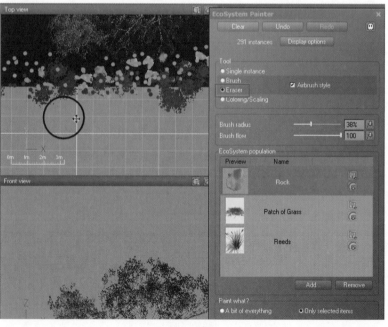

图11.028

图11.029

14. 添加远景树木

① 为了增加远景的树木模型，再次打开系统绘制工具，在面板中添加Plant［植物］类型模型。在弹出的库文件中，选择Trees类型并挑选适合的远景树木模型作为绘制对象，如图11.030所示。

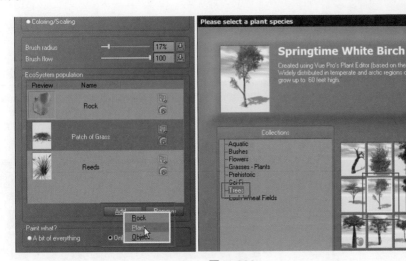

图11.030

② 在顶视图中，使用Brush［笔刷］方式绘制树木模型，在绘制过程中注意摄影机的拍摄范围，尽量在适当范围内绘制，避免增加多余运算量，如图11.031所示。

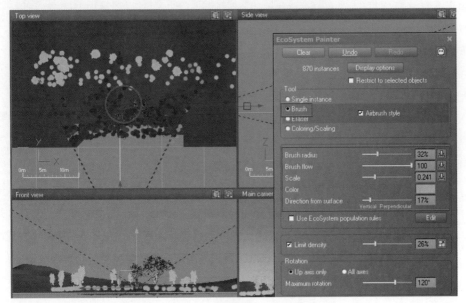

图11.031

③ 在绘制过程中，可以测试渲染摄影机视图观察画面效果，如果不理想可以继续绘制，或使用Eraser［橡皮擦］工具擦除多余的植物，最终完成的效果如图11.032所示。

图11.032

④ 继续绘制不同类型的树种到场景的远景处，以丰富画面和树林的细节，完成效果如图11.033所示。

图11.033

15. 调节水面材质

为了得到具有深度的水面效果，选择水面模型并打开材质编辑面板，在面板中通过对［颜色］、［透明颜色］与［深度］等参数的调节控制水面细节，具体参数设置如图11.034所示。

16. 大气环境控制

① 在主工具栏中选择大气工具，在弹出的大气编辑面板中选择Clouds［云层］选项卡，并添加一个云效果表现大气环境，如图11.035所示。

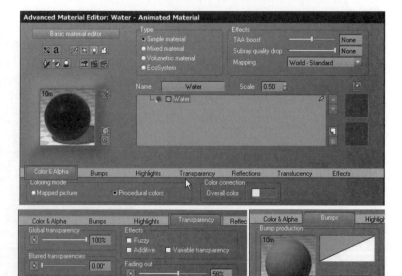

图11.034

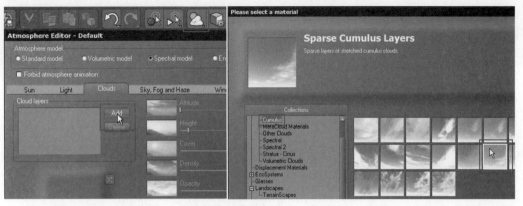

图11.035

② 为了得到比较适合场景的天气环境，添加完天空环境后，在Clouds［云层］与Sky,Fog and Haze［天空，雾和霾］选项卡中进行参数设置，如图11.036所示。

③ 渲染摄影机视图，调节完成的画面效果如图11.037所示。

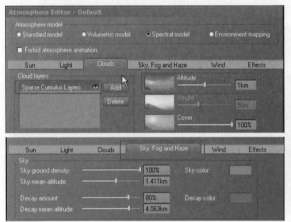

图11.036

图11.037

17. 调节亭子模型材质

在3ds Max中创建和调节凉亭模型，并且为其赋予相应的材质，调节色彩信息，如图11.038所示。

18. 亭子模型输出

选择场景中的凉亭模型，执行［⑤＞导出＞导出选定对象］菜单命令，根据提示输出".obj"格式的文件，

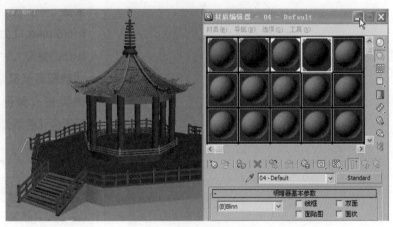

图11.038

以便导入Vue软件中，如图11.039所示。

图11.039

19. 导入数据

返回到Vue软件中，执行File>Import Objects［文件＞导入对象］菜单命令，在弹出的提示窗口中进行相应设置，如图11.040所示。

20. 调节凉亭的位置与材质

① 导入数据后，在各个视图中调节凉亭的位置，并通过缩放工具控制凉亭与场景植物的比例关系，完成效果如图11.041所示。

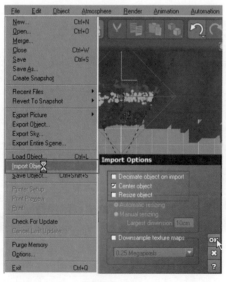

图11.040

图11.041

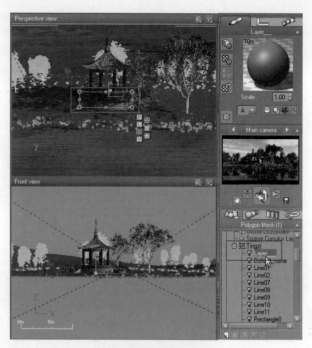

② 选择凉亭底部模型，然后在右侧的层面板中可以看到相应的材质信息，这部分材质信息是在3ds Max中输出的，可以完全被Vue软件所识别，如图11.042所示。

③ 为了得到比较理想的凉亭质感，打开凉亭材质的编辑面板，通过对颜色、凹凸及高光的调节控制，得到比较理想的凉亭材质，具体参数设置如图11.043所示。

图11.042

图11.043

④ 使用相同的材质调节方法对凉亭其余模型进行调节和控制，渲染摄影机视图，观察画面效果，如图11.044所示。

21. 色彩校正

在渲染窗口的右上角单击 ✐ [渲染后期] 按钮，在弹出的属性面板中设置调节图像的曝光与其他色彩效果，得到真实的色彩空间与明暗对比效果，如图11.045所示。

图11.044

图11.045

22. 渲染参数设置

完成场景制作后，为了得到理想的画面输出效果，打开渲染属性面板，设置最终的输出参数，具体参数设置如图11.046所示。

图11.046

三潭映月

本例中我们将使用Vue制作三潭映月的风景效果。本例综合运用了Vue的山地、生态系统和云雾表现技术，创建出一个真实而又富有神秘气氛的三潭映月场景，如图12.001所示。本例重点讲解Vue综合技术的运用及对环境气氛的调节。

图12.001

制作步骤

▶步骤 01：创建山体和水体

1. 单击左侧工具栏上的 🏔 [创建地形] 按钮和 🌊 [创建水面] 按钮，在场景中创建一个山体和水体，调整山体的位置和大小，此场景不需要无限地面，因此将其关闭，如图12.002所示。

图12.002

2. 按下键盘上的Ctrl+F9键，打开Render Options [渲染选项] 对话框，设置Render destination [渲染目标] 为Render to screen [渲染至屏幕] 模式，然后设置Aspect ratio [宽高比] 为Widescreen（16：10）[宽屏16:9] 模式，将大小设置为640×400，如图12.003所示。

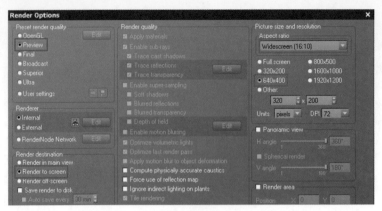

图12.003

3．选择山体，在右上角的材质边上单击 [指定材质] 按钮，在弹出的面板中选择Landscapes [地貌] 的TerrainScapes [地貌景观] 组中的FallGroundCover [秋季植物覆盖的地面] 材质预设，如图12.004所示。

图12.004

4．将水的材质切换为Wavy Shore [海滩波浪] 材质，打开Advanced Materiel Editor [高级材质编辑器] 窗口，将水材质的Foam [泡沫] 层删除，如图12.005所示。

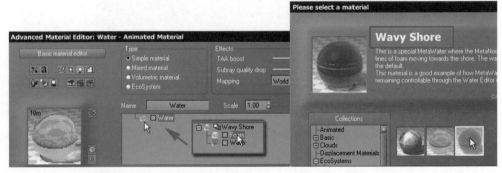

图12.005

5. 将山体复制出两个，并使用移动、缩放、旋转工具进行布局，如果觉得山体造型太过统一，可以进入Terrain Editor［地形编辑器］中，重新创建随机地形，如图12.006所示。

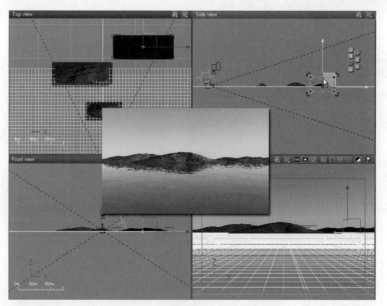

图12.006

6. 再次将山体复制出两个，并使用移动、缩放、旋转工具把山体放置在远方，作为背景山体，同样可以进入Terrain Editor［地形编辑器］中重新创建随机地形，如图12.007所示。

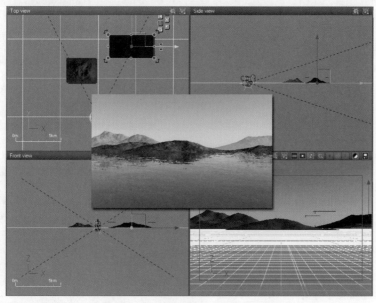

图12.007

▶步骤 02：创建植被

1. 在山体上创建植被，选择需要生长植物的山体模型，打开其Advanced Materiel Editor［高级材质编辑器］，将材质的类型切换为EcoSystem［生态系统］模型，将下面的General［常规］选项卡打开，在其中添加两种植物，如图12.008所示。

2. 将材质赋予场景中所有的山体模型，并且随机调整其植被分布的密度，如图12.009所示。

图12.008

图12.009

步骤 03：创建傍晚环境

1. 观察场景，水体的颜色过于清澈，不符合傍晚的效果。选择水体的Wavy Shore［海滩波浪］材质，打开Advanced Materiel Editor［高级材质编辑器］，进入Color&Alpha［颜色与通道］选项卡，设置Overall color［整体颜色］为深蓝色，渲染观察水变暗了，如图12.010所示。

2. 水面凹凸也需要调整，切换到Bump［凹凸］选项卡，将Depth［深度］值提高到8，并设置Scale［缩放］为0.25，如图12.011所示

3. 进入水材质的Transparency［透明度］选项卡，将Fading Out［深水］值提高，然后调整该参数组中的颜色，这样能增加水的不透明度，如图12.012所示。

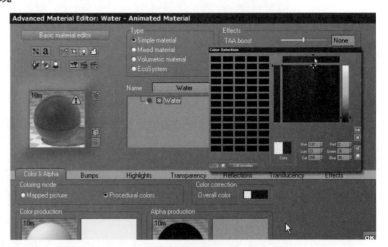

图12.010

图12.011

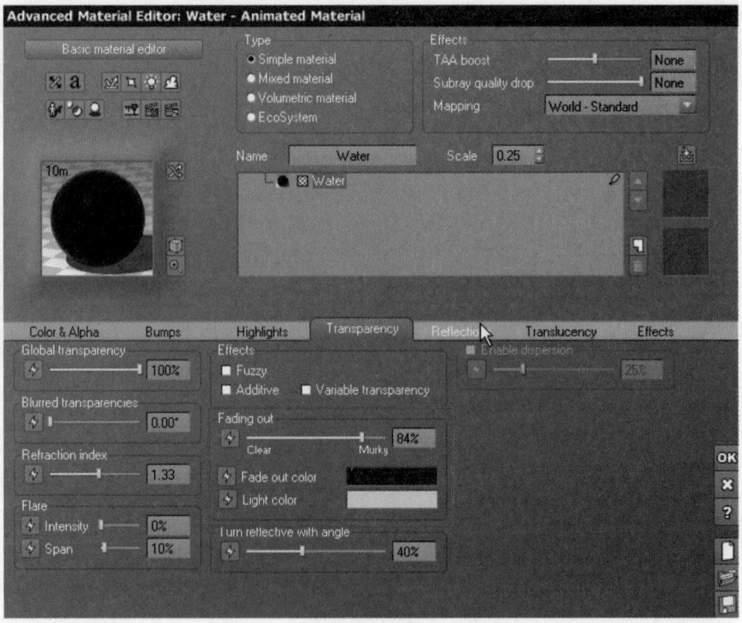

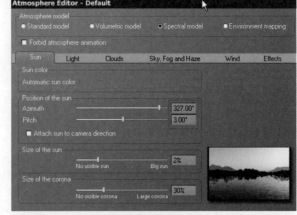

图12.012

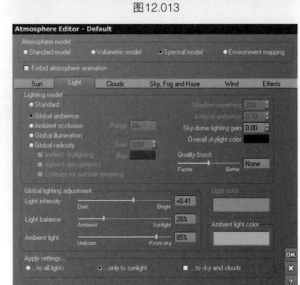

4. 打开Atmosphere Editor［大气编辑器］面板，进入Sun［太阳］选项卡，调整阳光的Azimuth［方位］和Pitch［倾斜度］两个参数，得到夕阳效果，如图12.013所示。

图12.013

5. 进入Light［灯光］选项卡，调整Global lighting adjustment［全局灯光调整］参数组中的3个参数，让整个环境更加符合傍晚效果，如图12.014所示。

图12.014

6.进入Clouds［云］选项卡，在Cloud layers［云层］中，添加Big Cumulus［大块积云］预设，然后使当地调整云层的参数，以达到预期的效果，如图12.015所示。

7.再次在Cloud layers［云层］中添加Low Clouds［低云层］预设，然后调整云层的海拔和高度参数，如图12.016所示。

8.进入Sky,Fog and Haze［天空，雾和霾］选项卡，设置天空的颜色、海拔、衰减，以及光谱散射等参数，如图12.017所示。

步骤4：导入模型

1.Vue场景暂时调节到此，整个场景还需要两个模型，一个是远处的宝塔，另一个是近景的3个模型，暂且称为坛，打开配套光盘提供的3ds Max模型文件，场景中有这两个模型，如图12.018所示。

2.打开材质编辑器，为模型指定材质，塔的外部指定黑色的标准材质，内部指定带有塔身贴图的标准材质。坛指定一个橙黄单色标准材质，如图12.019所示。

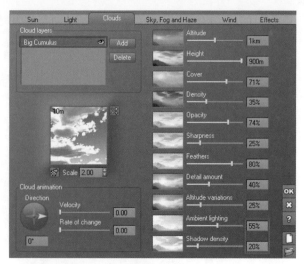

图12.015

图12.016

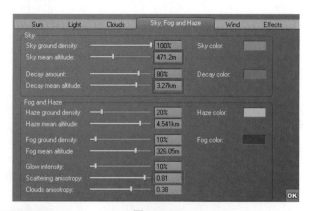

图12.017

图12.018

图12.019

3．执行［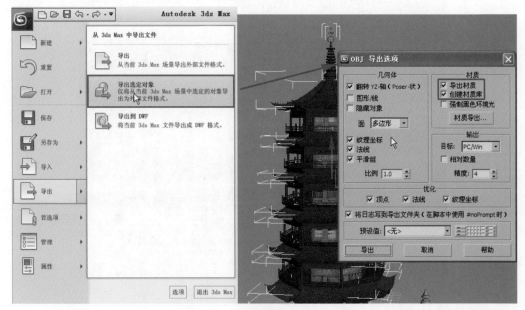＞导出＞导出选定对象］菜单命令，将塔模型和坛模型分别选中，导出为Obj文件，在弹出的［OBJ导出选项］面板中勾选［导出材质］和［创建材质库］选项，如图12.020所示。

图12.020

4．返回到Vue中，执行 File＞Import Object ［文件＞导入对象］命令，将塔的模型导入Vue中，注意在弹出的Import Options［导入选项］面板中勾选Center object［中心对象］选项，调节模型的位置和大小，将其放置在近景山体的上方，如图12.021所示。

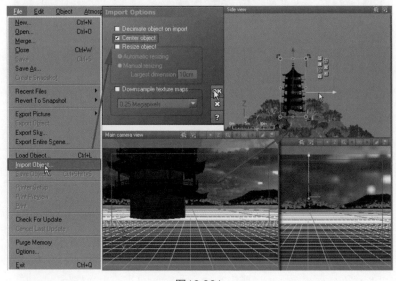

图12.021

5．使用同样的方法将坛模型导入场景中，并且复制两个，分别放置在水面上，调整其位置和大小，如图12.022所示。

6．远景塔的模型材质不必调节，但是近景的坛需要细化材质，选择坛模型，打开Advanced Materiel Editor［高级材质编辑器］，观察材质有两个材质混合，双击默认的第一个材质层03__

Default，将材质类型切换为Rocks［岩石］组中的_V9_GenericRock材质类型，并适当地调整混合量参数Mixing proportions［混合比例］的值，如图12.023所示。

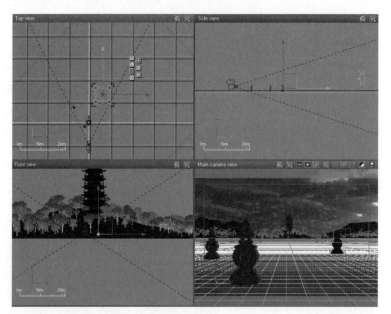

图12.022

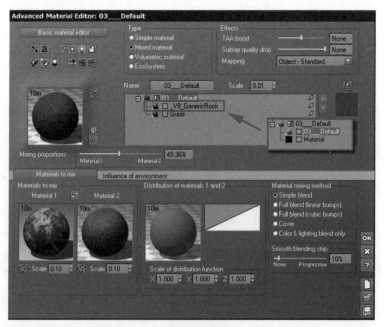

图12.023

7．此时渲染场景发现坛的模型也是剪影效果，并不是我们需要的，所以要对前景进行单独照明，按下左侧工具栏上的灯光创建按钮 ，在弹出的灯光类型中选择 Directional Light ［平行光］，在场景中创建一盏Directional Light［平行光］，调整其位置及颜色，形成一个暖色调照明前景，如图12.024所示。

图12.024

↘步骤 05：添加云雾效果

1. 单击左侧工具栏中的创建云按钮 ，在场景中创建云模型，在场景中调整其位置和缩放，如图12.025所示。

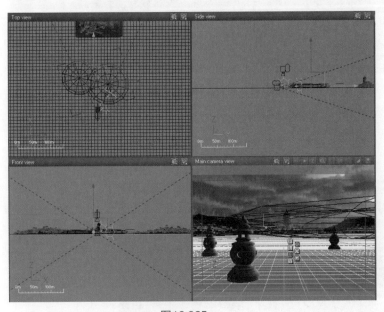

图12.025

↘↘↘注释信息

为了便于管理，可以将云层放置在一个层里面。

2. 场景中云比较单薄，在场景中创建多个云层，使用移动、缩放、旋转工具进行布局，让云层分布得错落有致，如图12.026所示。

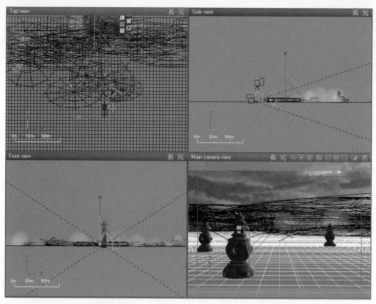

图12.026

3．选择云层的材质，进入Advanced Materiel Editor［高级材质编辑器］，在Cloud Setting ［云设置］选项卡中调节云层的密度等参数，产生云雾缭绕的效果，如图12.027所示。

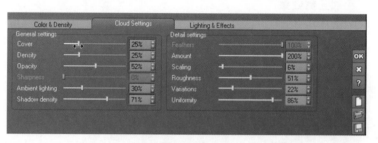

图12.027

4．最终将渲染参数设置为Final［最终］级别进行渲染，然后进入Post Render Options［后期渲染选项］中调节画面的曝光、镜头、色相、饱和度、增益等参数，完善整个画面，如图12.028所示。

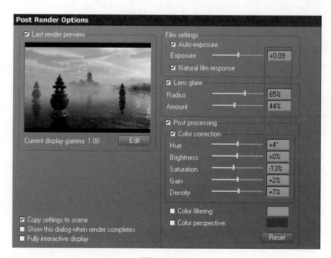

图12.028

13 函数山地模型

⟨ 范例分析

本例中我们将使用Vue的函数编辑器制作山脉的效果。综合使用了Vue函数编辑器中的节点操作，通过节点的编辑，分别制作不同区域的山地细节效果，如图13.001所示。本例重点讲解Vue函数编辑器制作地形模型的方法和技巧。

图13.001

⟨ 制作步骤

⤓ 步骤 01：大体地形的制作

1. 打开Vue，单击左侧工具栏上的 ⓜ [函数地形] 按钮，在场景中创建一个函数地形，调整其位置和高度，并旋转好合适的镜头，如图13.002所示。

⤓⤓ 注释信息

此时镜头只是便于观察，后期还需要再次调整。

2. 双击山地，打开Terrain Editor [地形编辑器] 面板，此时就能在编辑器中看到山体的预览模型，单击左侧的 ⋀ Zero edges [零边界] 按钮，让山体变成一个零边界的山体模型，如图13.003所示。

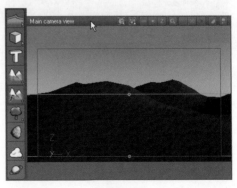

图13.002

251

图13.003

步骤02：制作大块石头细节

1．用鼠标右键单击右侧的材质球，选择Edit Function［编辑函数］选项，此时会弹出Function Editor［函数编辑器］面板，在函数编辑器中有默认创建好的几个节点，如图13.004所示。

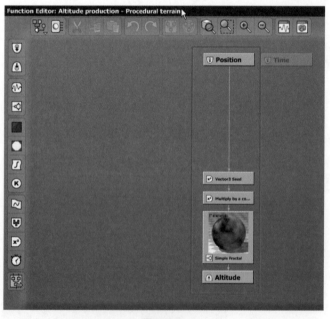

图13.004

注释信息

其中Vector 3 seed［3个向量种子数］节点是将Position［位置］节点输出为ＸＹＺ三个参数；Multiply by a constant［乘以常量］节点将输出的3个数值乘以一个设定的随机值进行扩大；Simple Fractal［简单分形］节点是将输出的参数变成一个分形图，最终输出到Altitude［海拔］节点，完成山脉。

2．在Function Editor［函数编辑器］中单击 Graph options［图标选项］按钮，在弹出的菜单中选择Preview Options［预览选项］按钮，此时在弹出的Preview Options［预览选项］面板中将材质显示类型改为Cube［长方体］方式，如图13.005所示。

3．选择Simple Fractal［简单分形］节点，设置节点的Noise［噪波］类型设置为Distributed Patterns［分形模式］下的Square Sample（2D）［菱形分布（2D）］，此时，Simple Fractal［简单分形］节点显示为Square Sample（2D）［菱形分布（2D）］模式，如图13.006所示。

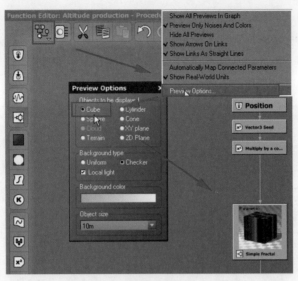

图13.005

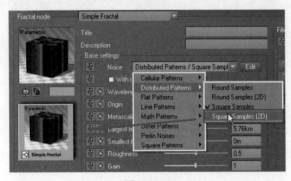

图13.006

↘↘↘ 注释信息

Square Sample（2D）［菱形分布（2D）］和Square Sample［菱形分布］相比，只是在z轴噪波方面有区别，如图13.007所示。

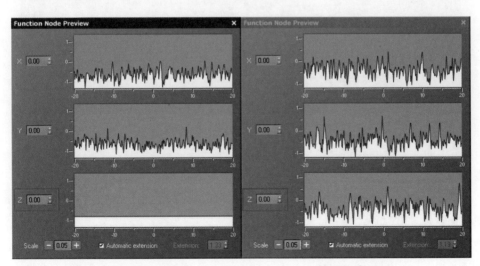

Square Sample（2D）　　　　　　Square Sample

图13.007

4．在Function Editor［函数编辑器］中单击 Function Output Observer［函数输出预览］按钮，这时会弹出Function Output Observer［函数输出预览］面板，此时能看到面板中的地形，但是显示的内容并没有海拔的起伏，解决的方法是勾选Only when saturating［仅饱和时］选项，然后再取消勾选即可，如图13.008所示。

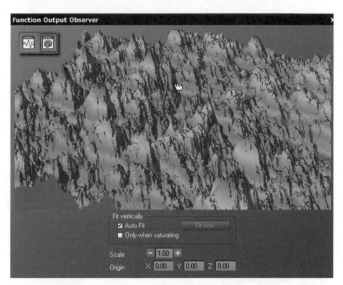

图13.008

5．单击Simple Fractal［简单分形］节点模式下Noise［噪波］参数后方的Edit［编辑］按钮，弹出了Square Samples（2D）Node Options［菱形分布（2D）节点选项］面板，勾选Find maximums［寻找最大值］和Random altitudes［随机海拔］两个选项，调整其他的参数，可以在Function Node Preview［函数节点预览］中看到波形的变化，如图13.009所示。

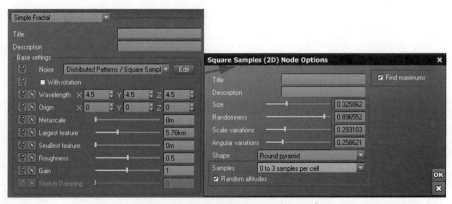

图13.009

6．返回Simple Fractal［简单分形］节点模式，调整下方其他的剩余参数，让山地呈现一些菱形山脉的效果，如图13.010所示。

7．退出Terrain Editor［地形编辑器］，将场景中的山地模型放大，放大到km单位级别，形成山脉的效果，如图13.011所示。

8．再次打开山体的Function Editor［函数编辑器］，单击右侧的 math［数学］按钮，创建一个数学节点，将其连接在Simple Fractal［简单分形］节点上方，单击下方参数中的Edit［编辑］按钮，弹出Matrix Transformation［矩阵变换］面板，设置其中的参数，如图13.012所示。

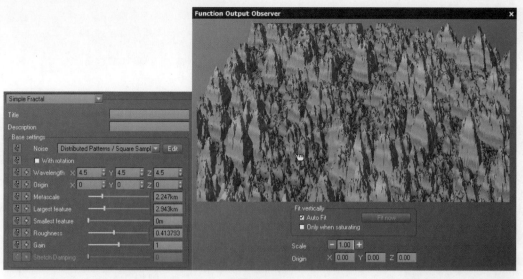

图13.010

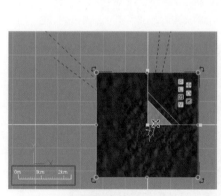

图13.011

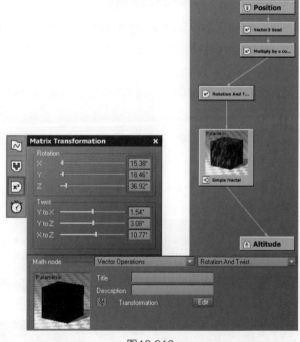

图13.012

⟩⟩⟩ 注释信息

如果创建的math［数学］连不上节点，需要先将math［数学］节点的参数类型进行切换。在Function Editor［函数编辑器］下方的Math node［数学节点］参数中，单击旁边的小箭头，这时在弹出的菜单中选择Vector Operations［向量运算］下的Rotation And Twist［旋转与扭曲］类型。

9．选择Simple Fractal［简单分形］节点，在下方的参数区中勾选With rotation［伴随旋转］，此时观察Function Output Observer［函数输出预览］面板，就得到了旋转的效果，如图13.013所示。

10．此时渲染，得到了大块的石头效果，如图13.014所示。

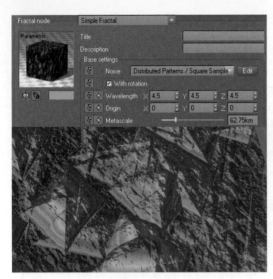

图13.013 图13.014

步骤 03：制作小块石头细节

1．选择场景中的Simple Fractal［简单分形］节点，使用键盘快捷键Ctrl+C进行复制，然后在空白的地方按Ctrl+V组合键进行粘贴，创建一个新的Simple Fractal［简单分形］节点，如图13.015所示。

2．设置节点的Noise［噪波］类型为Distributed Patterns［分形模式］下的Square Sample［菱形分形］模式，单击后面的Edit［编辑］按钮，将其中的参数设置得与原始的Simple Fractal［简单分形］节点相同，设置Simple Fractal［简单分形］节点其他的参数，如图13.016所示。

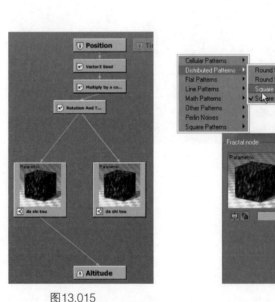

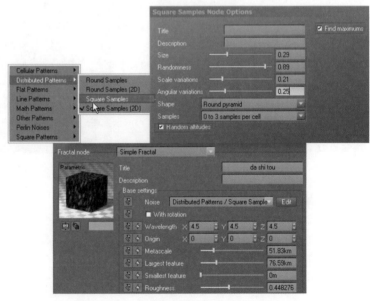

图13.015 图13.016

3．此时两个Simple Fractal［简单分形］节点单独显示，单击左侧工具栏上的 ![按钮]［混合］按钮，将两个分形节点混合在一起，如图13.017所示。

4．观察节点连接，数学节点同时控制了两个Simple Fractal［简单分形］节点，这样控制起来太单一，将数学节点复制粘贴，并且调节连接方式，让复制出的数学节点和原始数学节点分别控制两个Simple Fractal［简单分形］节点，如图13.018所示。

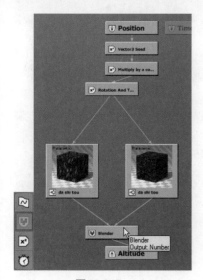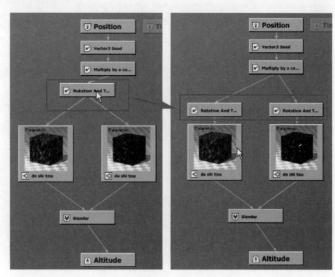

图13.017　　　　　　　　　　　　图13.018

5．选择新创建的Simple Fractal［简单分形］节点，单击Origin［原点］按钮左边的 Extract parameter［提取参数］按钮，将Origin［原点］参数的输入节点打开，然后单击左侧工具栏中的 ［湍流］节点按钮，将Origin［原点］参数的输入节点换成湍流节点，如图13.019所示。

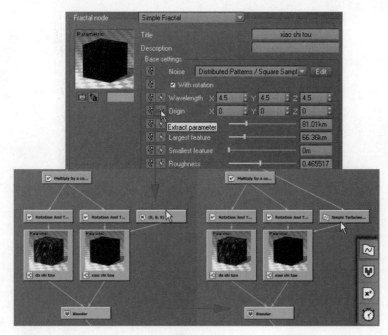

图13.019

6．使用同样的方法将另一个Simple Fractal［简单分形］节点的Origin［原点］参数的输入节点显示出来，然后将其连接到刚才的湍流节点，如图13.020所示。

7．选择第一个Simple Fractal［简单分形］节点，单击左侧的 ［过滤器］节点按钮，创建一个过滤器节点并将其放置在下方，然后将节点的类型切换为Offset（X+a）［偏移］方式，如图13.021所示。

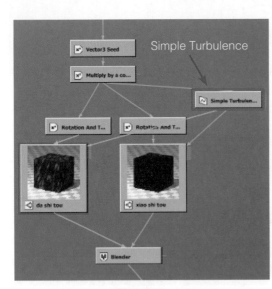

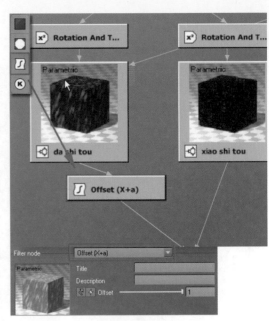

图13.020   图13.021

8．再次单击 🗊 ［过滤器］节点按钮，创建一个过滤器节点，并将节点的类型切换为Opposite（-X）［反向］方式，如图13.022所示。

9．此时观察发现，Blender［混合］节点的方式就不适合了，将混合方式切换为Multiply［相乘］模式，如图13.023所示。

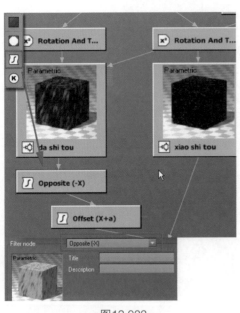

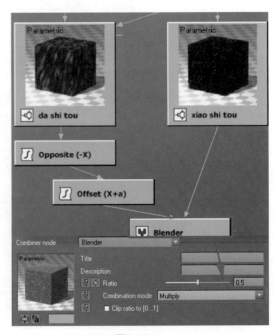

图13.022   图13.023

10．再次单击 🗊 ［过滤器］节点按钮，创建第3个过滤器节点，并将节点的类型切换为Map［贴图］方式，然后将节点放置在过滤器节点的下方，调整其参数，如图13.024所示。

258

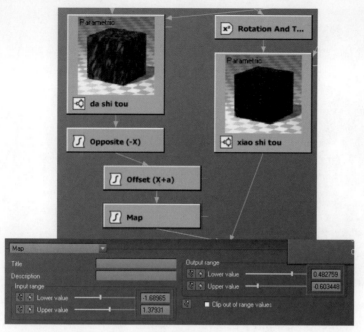

图13.024

11. 最后，再次单击 🎛 ［过滤器］节点按钮，创建一个过滤器节点，并将节点的类型切换为Map［贴图］方式，并将节点放置在Blender［混合］节点的下方，调整其参数，如图13.025所示。

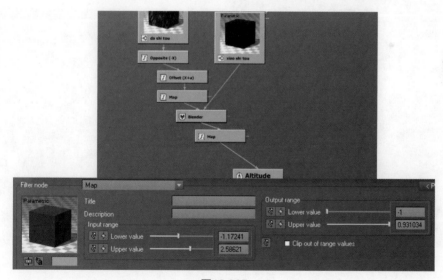

图13.025

↘步骤 04：制作山脉细节

1. 打开Function Editor［函数编辑器］，将靠近Position［位置］节点下方的Vector 3 seed ［3个向量种子数］节点和Multiply by a constant［乘以常量］节点复制，粘贴到空白区域，然后在下方再次创建一个分形节点，并将它们连接，如图13.026所示。

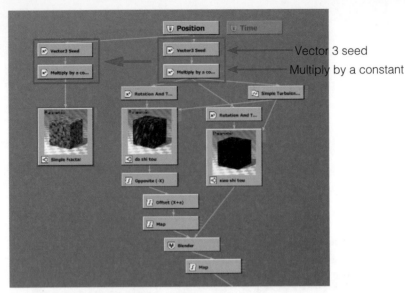

图13.026

2．此时，在Function Output Observer［函数输出预览］面板中观察不到效果，将Altitude［海拔］节点和新创建的分形节点连接，此时就能显示出来了，如图13.027所示。

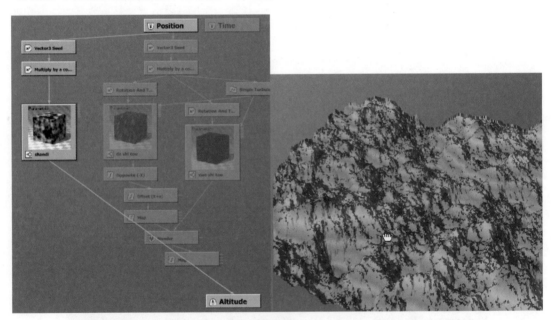

图13.027

▶▶▶ 注释信息

此时其他部分变成了灰色，不要退出Function Editor［函数编辑器］，否则灰色的节点可能会消失。

3．将新创建的分形节点切换成Terrain Fractal［山地分形］模式，并设置其参数，如图13.028所示。

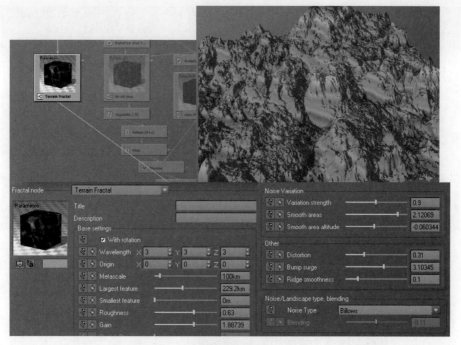

图13.028

4．在Terrain Fractal［山地分形］模式节点中，激活Noise Variation［噪波变化］参数组中的Smooth area altitude［平滑区域海拔］参数的输入节点，并将灰色的节点部分连接进来，如图13.029所示。

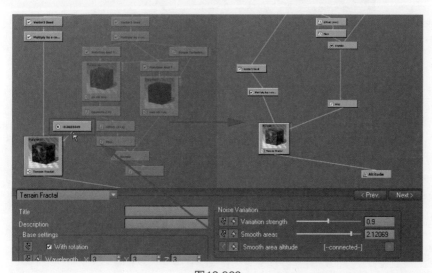

图13.029

5．将第一次创建的Simple Fractal［简单分形］节点Wavelength［波长］的XYZ切换为2，并切换类型为Square Patterns/Squares［菱形模式/菱形］，第二次创建的Simple Fractal［简单分形］节点Wavelength［波长］的XYZ切换为1，增加细节，如图13.030所示。

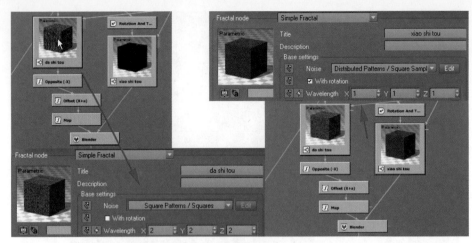

图13.030

6. 退出山地编辑器，选择一个合适的角度进行渲染，最终效果如图13.031所示。

图13.031

第14课
函数山地材质

14 函数山地材质

本例中我们将使用Vue的函数编辑器制作山脉材质的效果。材质的设定使用了Vue函数编辑器中的节点操作，通过节点的编辑，制作出配合山地模型的材质，如图14.001所示。本例重点讲解Vue函数编辑器制作材质的方法和技巧。

图14.001

步骤 01：创建山地基本材质

1. 打开在函数山地模型章节中创建的山地模型，首先设置一下Atmosphere Editor［大气编辑器］中的Light［灯光］和Sky,Fog and Haze［天空，雾和霾］参数，如图14.002所示。

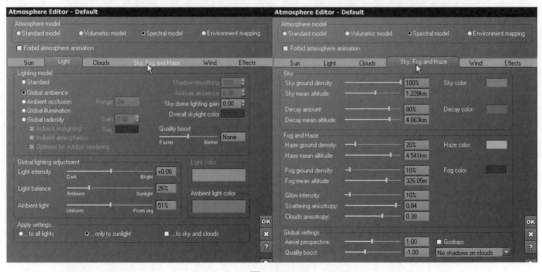

图14.002

2. 用鼠标右键单击山体的材质球，选择Edit Material［编辑材质］选项，打开Advanced

Material Editor［高级材质编辑器］面板，单击面板材质球边上的按钮，打开Preview Options［预览选项］面板，设置显示方式为Terrain［地形］，背景方式设置为Uniform［均衡］方式，最后设置Object size［对象大小］值为100m，原因是100m比较适合现在我们创建的山体单位，如图14.003所示。

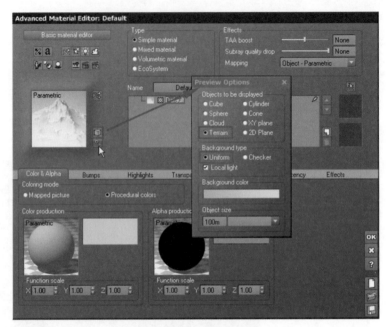

图14.003

3．在下方的Color &Alpha［颜色&通道］选项卡中单击材质球，选择Edit Function［编辑函数］选项，打开Function Editor［函数编辑器］，在函数编辑器中有默认创建好的几个节点，如图14.004所示。

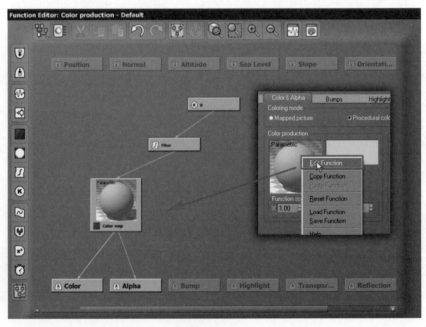

图14.004

4．将Function Editor［函数编辑器］默认创建的节点删除，重新进行创建，如图14.005所示。

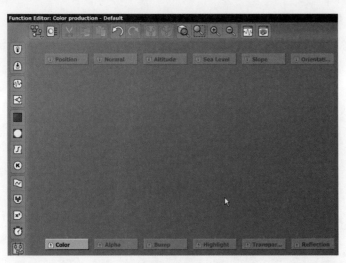

图14.005

5. 单击左侧工具栏的  Color map［颜色贴图］按钮，创建一个Color map［颜色贴图］节点，然后单击 Graph options［图表选项］按钮，在弹出的菜单中选择Preview Options［预览选项］，此时在弹出的Preview Options［预览选项］面板中设置显示方式为Terrain［山地］方式，背景方式设置为Uniform［均衡］方式，然后将下方的Object size［物体大小］设置为100m，如图14.006所示。

6. 返回到Function Editor［函数编辑器］面板，在下方的属性栏中，将Color node［颜色节点］参数设置为Color-Brightness Variation［颜色亮度变化］方式，此时可以看到Position［位置］节点就会连接到Color map［颜色贴图］节点上，颜色能根据模型的不同位置进行变化，将Color map［颜色贴图］节点的颜色调节成土黄色，如图14.007所示。

图14.006

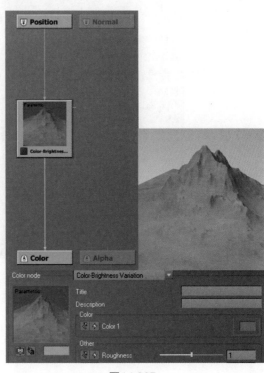

图14.007

步骤 02：创建山地主体颜色材质

1．单击左侧工具栏上的 █ 按钮，创建一个分形节点，将分形节点分别连接Position［位置］和Color［颜色］节点，如图14.008所示。

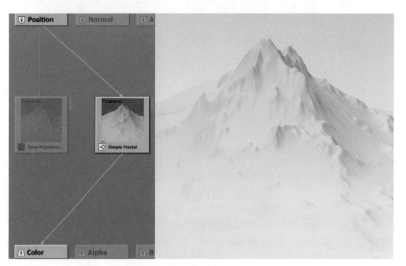

图14.008

2．观察发现，分形节点没有出现噪波的图像，只是一个单色，这是因为场景映射方式没有进行设定，回到Advanced Material Editor［高级材质编辑器］面板，设置Mapping［贴图］方式为World－Standard［世界-标准］方式，此时映射方式就出现了噪波，如图14.009所示。

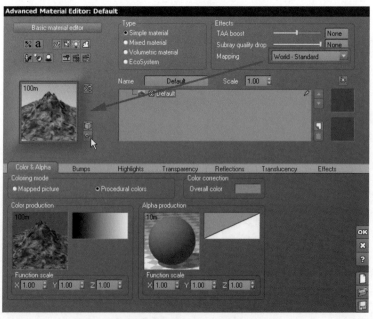

图14.009

3．设置完成贴图映射模式之后，再次调整Color map［颜色贴图］节点和Fractal［分形］节点，具体参数设置如图14.010所示。

4．单击左侧工具栏上的 ■ Color map［颜色贴图］按钮，再次创建一个Color map［颜色

贴图］节点，然后与Fractal［分形］节点连接，对其进行染色，并调节颜色为石头的颜色，如图
14.011所示。

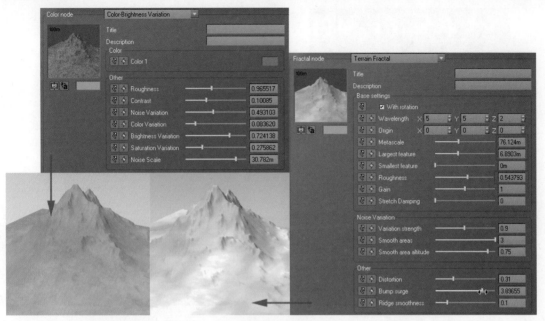

图14.010

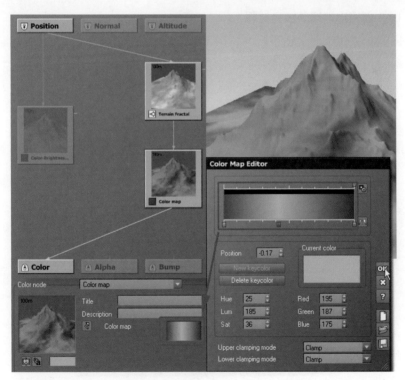

图14.011

5．此时两个颜色还是单独显示的，需要将其混合到一起，单击第一个颜色节点，单击Color
［颜色］前方的 Extract parameter［提取参数］按钮，将Color［颜色］参数的输入节点打开，
然后单击左侧工具栏上的 Blender［混合器］节点，将纯色节点和分形节点下的颜色节点混合，
如图14.012所示。

6．在Color［颜色］节点上再次创建一个Color map［颜色贴图］节点，将其切换为Gamma模式，作为最终输出颜色的校正节点，如图14.013所示。

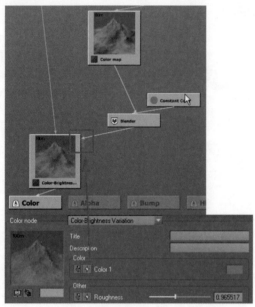
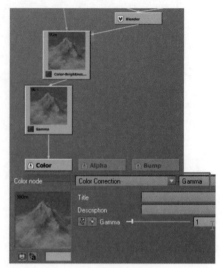

图14.012　　　　　　　　　　图14.013

步骤 03：创建山地细节颜色材质

1．此时山体的主体颜色设置完成，我们需要为其添加细节，细节的位置为山体陡峭位置，这就需要一个分形节点进行制作，单击左侧工具栏上的 ［分形节点］按钮，创建一个新的分形节点，将其方式设置为Grainy Fractal［增益分形］方式，如图14.014所示。

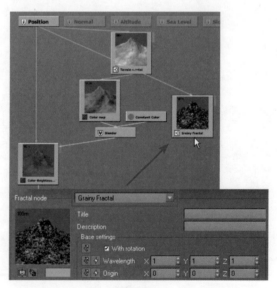

图14.014

2. 将新创建的分形节点连接到Color［颜色］节点上，对其参数进行设置，如图14.015所示。

图14.015

3. 此时需要将制作好的细节部分和主体颜色进行混合，单击Color map［颜色贴图］节点，创建一个颜色节点，然后与新创建的Fractal［分形］节点相连，并设定颜色为黑白渐变，如图14.016所示。

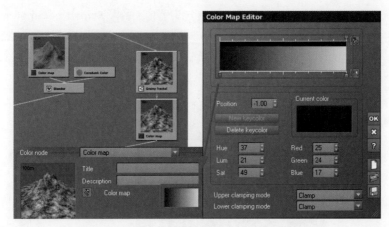

图14.016

4. 在Gamma节点上创建一个Blender［混合器］节点，将细节的颜色节点和主体颜色节点混合到一起，并设定Blender［混合器］节点为Multiply［相乘］方式，如图14.017所示。

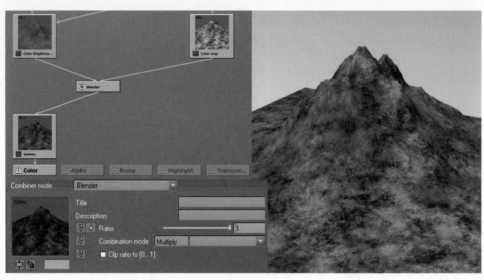

图14.017

> **↘↘↘ 注释信息**
>
> 如果直接将Fractal［分形］节点和Color map［颜色贴图］节点混合是不能成功的，因为两者的参数
> 类型不一样。

5．观察材质的外观，还没有按照坡度进行混合，此时就需要在连接两者的Blender［混合器］节点上，对Ratio［比率］进行设置，单击Ratio［比率］前面的 ⚡ Extract parameter［提取参数］按钮，打开输入节点，将输入节点的常数切换为场景的Slope［斜率］节点，删除常数节点，如图14.018所示。

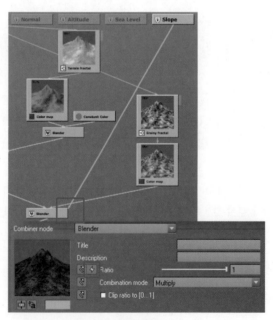

图14.018

6．Slope［斜率］节点的直接输出不能满足我们的需要，在两者连接线上创建一个 ⅠFilter［过滤器］节点，将其切换为Map［贴图］方式，具体参数设置如图14.019所示。

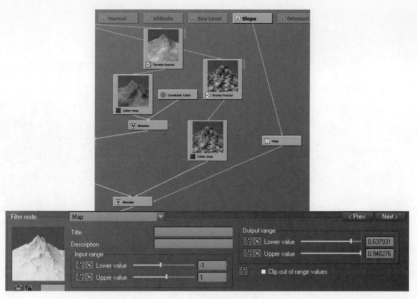

图14.019

7．再次在山体陡峭处添加颜色信息，单击左侧工具栏上的■ Color map［颜色贴图］按钮，创建一个新的Color map［颜色贴图］节点，将其连接到Slope［斜率］节点上，调整其颜色，如图14.020所示。

8．接下来，单击左侧工具栏上的■ Color map［颜色贴图］按钮，再次创建一个新的Color map［颜色贴图］节点，将节点的模式设置为Color Variation［颜色变化］模式，单击Color1［颜色1］前方的▲ Extract parameter［提取参数］按钮，将Color1［颜色1］参数的输入节点打开，将其连接到上方创建的Color map［颜色贴图］节点上，如图14.021所示。

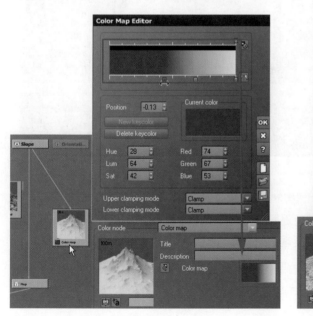

图14.020   图14.021

9．调整其参数，让噪波的范围适当增大，具体参数设置如图14.022所示。

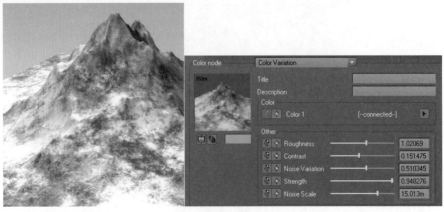

图14.022

10．在Gamma下方添加一个Blender［混合器］节点，连接新创建的Color Variation［颜色变化］节点和Gamma节点，Blender［混合器］设置为Multiply［相乘］方式，如图14.023所示。

11．在Slope［斜率］节点与作为细节的Color map［颜色贴图］节点中添加一个Filter［过滤器］节点，将其切换为Offset（X+a）［偏移］方式，如图14.024所示。

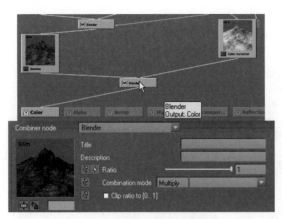

图14.023

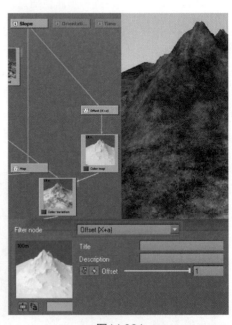

图14.024

12．Offset（X+a）［偏移］节点中的Offset［偏移］参数可以通过一个分形来控制，单击Offset［偏移］前方的 ⚡Extract parameter［提取参数］按钮，将Offset［偏移］参数的输入节点打开，将其连接到最初创建的Gravity Fractal［重力分形］节点上，如图14.025所示。

13．在Offset（X+a）［偏移］节点和Gravity Fractal［重力分形］节点之间再次添加一个Filter［过滤器］节点，将其方式修改为Brightness-Contrast（aX+b）［亮度-对比度］模式并调整其参数，如图14.026所示。

14．返回到Function Editor［函数编辑器］面板，单击左侧工具栏中的 ■Color map［颜色贴图］按钮，创建一个Color map［颜色贴图］节点，将其切换为Color Correction［颜色校正］下的HLS Shift［HLS转换］方式，并将节点连接到Color［颜色］节点上，如图14.027所示。

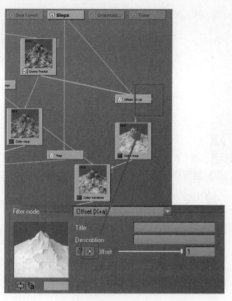

图14.025

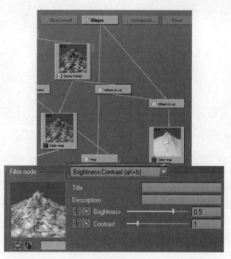

图14.026

15．单击节点中Saturation shift［饱和度转换］参数前面的 ⚡Extract parameter［提取参数］按钮，将输入节点打开，然后将输入的常数节点切换为Altitude［海拔］节点，删除常数节点，如图14.028所示。

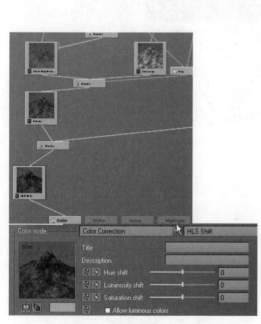

图14.027

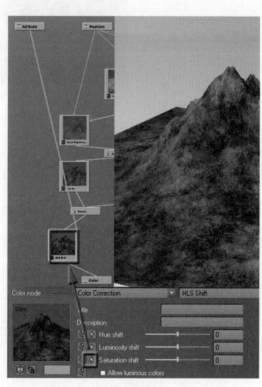

图14.028

16．在Altitude［海拔］节点下添加一个 filter［过滤器］节点，将其切换为map［贴图］方式，调整其参数，如图14.029所示。

图14.029

17．渲染，效果如图14.030所示。

图14.030

步骤 04：创建山地石头材质

1．回到Advanced Material Editor［高级材质编辑器］面板，单击Add Layer［添加图层］按钮，在材质编辑器中为材质添加一个材质层，材质预设选择Rocks［岩石］下的Default［默认］材质类型，并将两种材质命名为shanti和shitou，如图14.031所示。

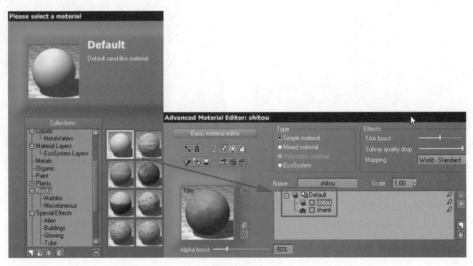

图14.031

2．想要混合两者的材质需要一个Alpha贴图，此时我们可以使用创建山体模型时的石头贴图，双击山地，打开Terrain Editor［地形编辑器］，用鼠标右键单击右侧的材质球，选择Edit Function［编辑函数］选项，这时弹出了Function Editor［函数编辑器］面板，找到石头模型的Blender［混合器］节点，在空白的地方单击鼠标右键，选择Add Output Node［添加输出节点］下的Custom Dependency［自定义依赖项］节点，将其连接在Blender［混合器］节点上，将其命名为shitoutietu，如图14.032所示。

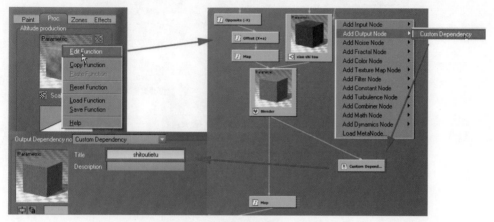

图14.032

3．回到Advanced Material Editor［高级材质编辑器］面板，在石头材质上单击鼠标右键，选择Edit Function［编辑函数］选项，打开Function Editor［函数编辑器］面板，将其中的常数节点删除，并断开Color map［颜色贴图］节点和Alpha节点之间的连接，如图14.033所示。

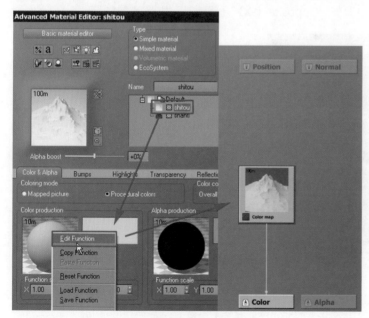

图14.033

▶▶▶注释信息

可以使用前面的方式将材质类型都显示为山体。

4．在空白处单击鼠标右键，选择Add Input Node［添加输入节点］下的External Dependency［外部依赖项］节点，然后在面板下的属性中，将节点的Dependency［依赖项］设置为Procedural terrain［程序地形］下的shitoutietu选项，将我们创建的贴图导入进来，并将其连接到Alpha节点上，如图14.034所示。

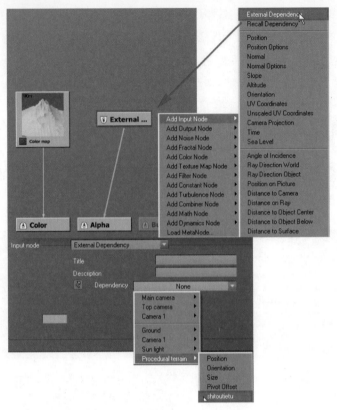

图14.034

5．在Alpha节点上再添加两个filter［过滤器］节点进行修正，一个过滤节点调节为Multiply（aX）［相乘］，另一个过滤节点调节为Opposite（-X）［反向］，如图14.035所示。

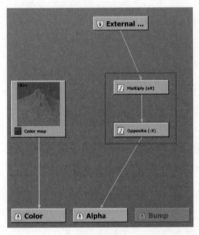

图14.035

◥◣◥◣◥◣**注释信息**

此时为了观察方便，可暂时将Color map［颜色贴图］节点切换成一个明显的颜色。

6．此时贴图的效果不理想，创建一个Simple Fractal［简单分形］节点，将其Noise［噪波］类型切换为Square Patterns［方形模式］下的Stones［石头］方式；然后使用Blender［混合器］节点将其混合在Alpha节点中，如图14.036所示。

7．在Simple Fractal［简单分形］节点下创建一个filter［过滤器］节点，将其修改为Opposite节点（-X）［反向］方式，如图14.037所示。

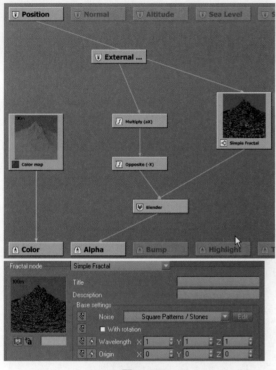

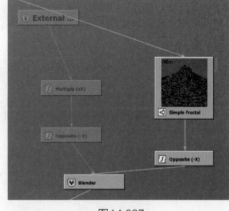

图14.036　　　　　　　　　　　　　　　　　图14.037

8．将Position［位置］节点连接到Color map［颜色贴图］节点上，并将此节点调节为石头的土黄色，具体参数设置如图14.038所示。

图14.038

9．调节Simple Fractal［简单分形］节点的参数，并将下方的Opposite（-X）［反向］节点连接到HighLight［高亮］节点上，这样可以使图片变亮，参数设置如图14.039所示。

10．回到Advanced Material Editor［高级材质编辑器］面板中，调整shitou材质的HighLights［高光］选项卡下的参数，如图14.040所示。

11．此时材质调节完成，可以进行最终渲染。调节Post Render Options［后期渲染选项］面板中的参数，如图14.041所示。

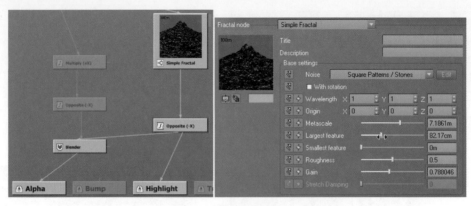

图14.039

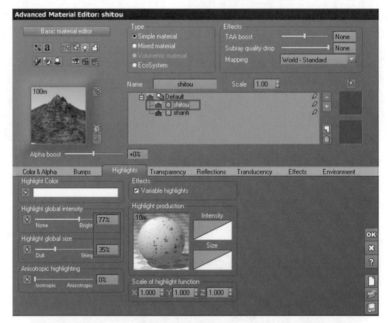

图14.040

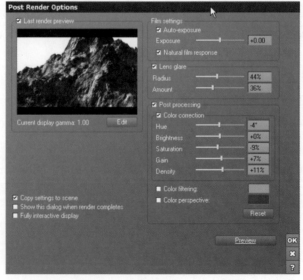

图14.041

15 深海探秘

范例分析

本例我们将使用Vue制作一个神秘海底的效果。本例使用了Vue的山地、水面、植被及灯光的技术制作一个海底景观，如图15.001所示。重点讲解Vue海底各物体的制作方法及体积光的制作技巧。

图15.001

制作步骤

步骤 01: 海底陆地的制作

1. 按下键盘上的Ctrl+F9键，打开Render Options［渲染设置］对话框，选择Render destination［渲染目标］参数组下的选项为Render to screen［渲染至屏幕］模式，然后将大小设置为640×360，进行测试渲染，如图15.002所示。

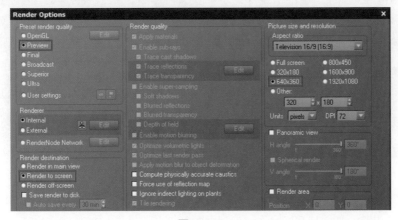

图15.002

2．打开Vue，我们由一个空场景开始制作，单击左侧工具栏中的 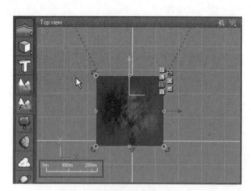[函数山地] 按钮，在场景中创建函数地形作为海底的陆地，海底陆地大约在200m，调整其位置，如图15.003所示。

3．双击山地，进入Terrain Editor [地形编辑器] 面板，单击左侧工具栏中的 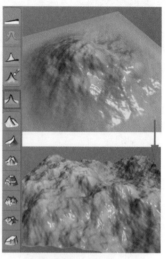[无边界] 按钮，将山地切换成为无边界的山地效果，如图15.004所示。

图15.003   图15.004

4．退出Terrain Editor [地形编辑器]，通过变换工具调整山地模型，让山地平缓；将摄影机提高，让山地呈现在摄影机内，然后旋转摄影机，使摄影机从山地的一角望向另一角，增加视野距离，如图15.005所示。

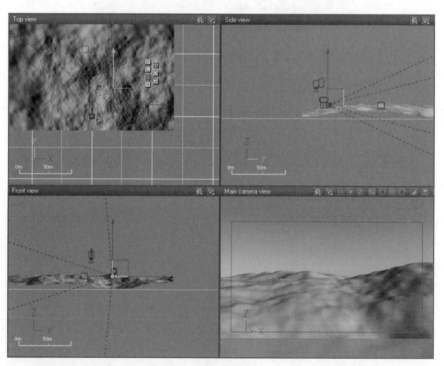

图15.005

5．选择摄影机，将摄影机的Focal [焦距] 设置为15mm，增大视野；随后旋转摄影机，让摄影机形成仰视的角度，如图15.006所示。

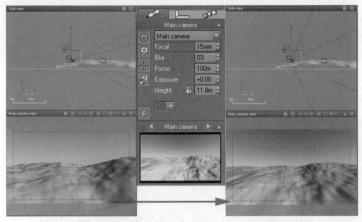

图15.006

▶▶ ▶▶ **注释信息**

如果对海底的造型不满意，可以进入Terrain Editor［地形编辑器］面板，使用笔刷工具调整山地的起伏。

▶ **步骤 02：海底植物的制作**

1. 单击顶部的 ⚲ Paint EcoSystem［绘制生态系统］按钮，打开EcoSystem Painter［生态系统绘制］面板，在下方的EcoSystem population［生态系统种群］中添加4种植被，分别是Red Coral［红珊瑚］、Anemone［低矮的水草］、Sea Weed［长水草］和Rock［岩石］，如图15.007所示。

2. 选择第一个红珊瑚，设置Tool［工具］的类型为Single instance［单一实例］方式，此时可以在场景中创建出单个的珊瑚植被，在绘制的时候设置Scale［大小］值为7～12，这样就能绘制出大小不一的珊瑚了，如图15.008所示。

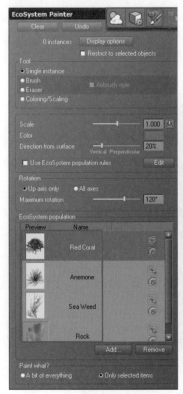

图15.007

图15.008

3．选择Anemone［低矮的水草］，设置Tool［工具］的类型为Brush［笔刷］方式，此时可以在场景中批量绘制水草的植被；绘制时可以按照需求，调节Scale［大小］和Limit density［密度限制］的参数，最终绘制效果如图15.009所示。

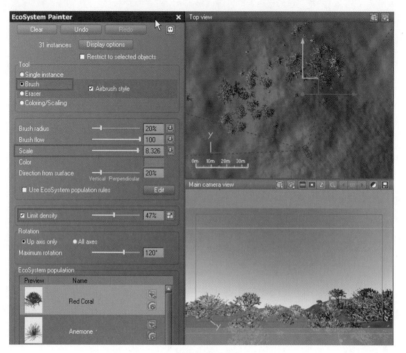

图15.009

4．选择Sea Weed［长水草］，设置Tool［工具］的类型为Brush［笔刷］方式，在场景中绘制长水草，绘制时注意远景和近景的对比，如图15.010所示。

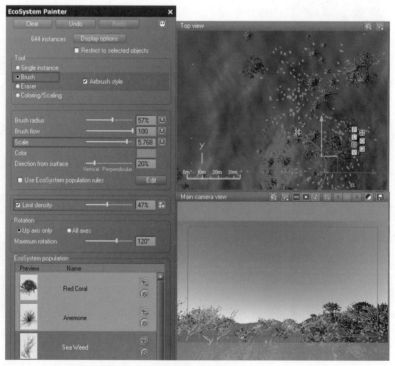

图15.010

5．选择石头，设置Tool［工具］的类型为Brush［笔刷］方式，在场景中绘制石头，石头的密度稍微大一点，让海底铺满石头，如图15.011所示。

图15.011

6．选择山地模型，单击材质边上的 ![icon] ［指定材质］按钮，选择材质预设中的Sediment［沉积岩］材质，更换材质，如图15.012所示。

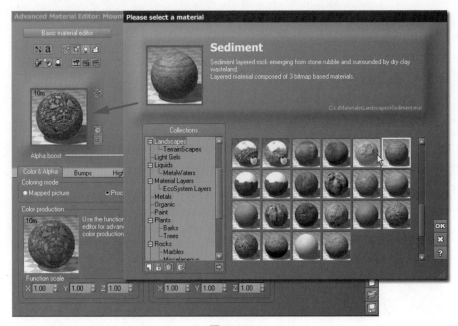

图15.012

7. 绘制完成后进行测试渲染，效果如图15.013所示。

▶步骤 03：海底水面的制作

1. 完成海底陆地的创建后，单击左侧工具栏上的 ![] ［创建水面］按钮，在场景中创建一个水面。此时水面在下方，选择水面对象，向上移动到陆地上方，形成由水底向海面仰视的效果，如图15.014所示。

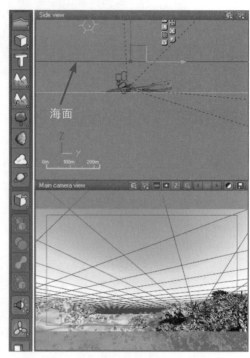

图15.013　　　　　　　　　　　　　　　　图15.014

2. 单击海面材质边上的 ![] ［指定材质］按钮，选择材质预设中的Underwater［水下］材质，更换材质，如图15.015所示。

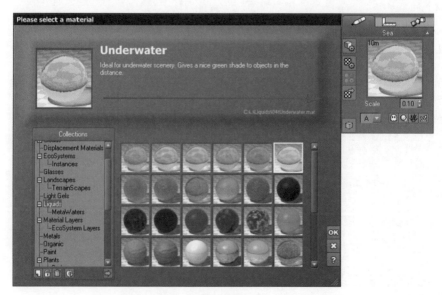

图15.015

3．此时场景的渲染效果太亮，原因是启用了摄影机的自动曝光功能，双击列表中的摄影机，弹出Advanced Camera Options［高级摄影机选项］面板，取消勾选Auto-exposure［自动曝光］选项，观察预览图，发现整体效果暗了很多，如图15.016所示。

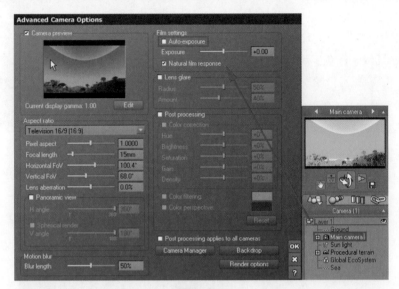

图15.016

4．渲染后发现海面的起伏比较细腻，不是场景需要的效果。选择水面材质，将下方的Scale［大小］值设置为2.5；双击材质球，打开Advanced Material Editor［高级材质编辑器］面板，进入Bumps［凹凸］选项卡，将Depth［深度］值设置为2，如图15.017所示。

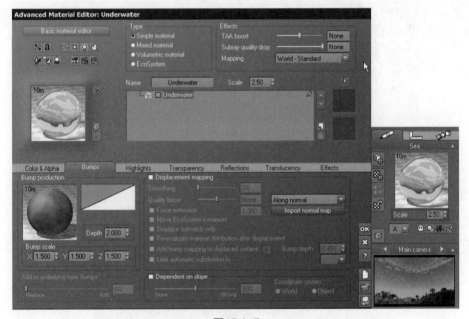

图15.017

5．移动太阳的位置，使其正对摄影机，让阳光出现在镜头的正上方，如图15.018所示。

↘ ↘ ↘ 注释信息

如果海底的远端露出了缝隙，可以选择山地，进入山地编辑器，将山地提高。

6. 渲染观察海底效果还是太亮，选择水面材质，双击材质球，打开Advanced Material Editor〔高级材质编辑器〕面板，进入Transparency〔透明度〕选项卡，设置Fading out〔深水〕参数组中的比例为34%，将Fade out color〔深水颜色〕和Light color〔浅水颜色〕调节成深蓝色，如图15.019所示。

7. 按下键盘上的F4键，打开Atmosphere Editor〔大气编辑器〕面板，进入Light〔灯光〕选项卡，设置Lighting model〔灯光模式〕为Global illumination〔全局照明〕方式，调整Global lighting adjustment〔全局光照调整〕参数，如图15.020所示。

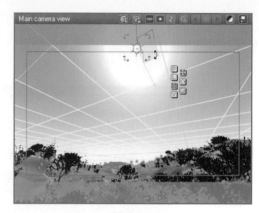

图15.018

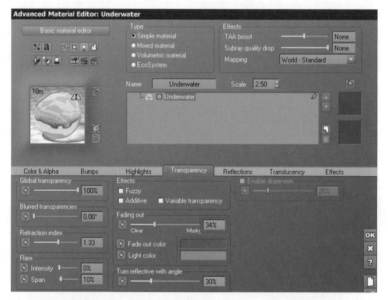

图15.019

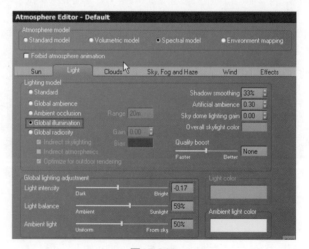

图15.020

8．接下来进入Sky,Fog and Haze［天空，雾和霾］面板，调整天空的颜色，以及雾气效果，参数如图15.021所示。

9．测试渲染，效果如图15.022所示。

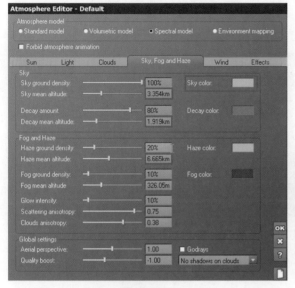

图15.021

图15.022

📥步骤 04：添加海底灯光

1．在太阳的位置创建一盏聚光灯，让灯光的角度和阳光的角度相同，设置灯光的Spread［扩散］值为60，设置Falloff［衰减］值为70，如图15.023所示。

图15.023

2．双击灯光参数边上的任意按钮，打开Light Editor［灯光编辑器］面板，进入Gel［滤镜］选项卡，勾选Enable light gel［启用光线滤镜］选项，如图15.024所示。

3．双击边上的材质球，打开Gel Editor［滤镜编辑器］，然后双击材质编辑器中的材质球，在弹出的面板中选择Caustics Gel［焦散滤镜］材质，将其进行切换；设置材

图15.024

质的Scale［大小］值为0.08，增加材质的重复度，如图15.025所示。

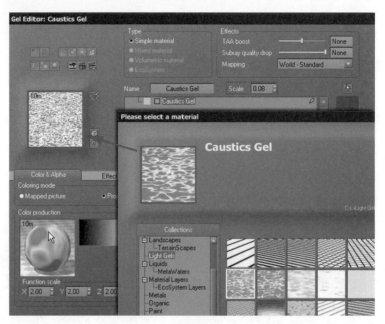

图15.025

4．此时渲染，体积光效果不够细腻，在Color&Alpha［颜色和Alpha］选项卡中，用鼠标右键单击材质球，选择Edit Function［编辑函数］选项，打开Function Editor［函数编辑器］面板，选择第一个Filter［过滤器］节点，在下方的Filter图形上单击鼠标右键，选择Edit Filter［编辑过滤器］项，调整曲线，如图15.026所示。

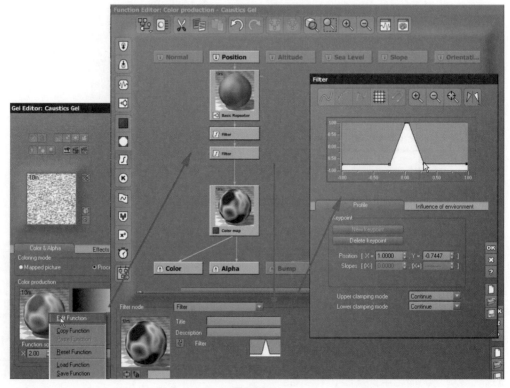

图15.026

5．退出材质编辑器，在Light Editor［灯光编辑器］面板下Gel［滤镜］选项卡的材质上单击鼠标右键，选择Copy Material［复制材质］项，复制材质，然后切换到阳光的Light Editor［灯光编辑器］面板中的Gel［滤镜］选项卡下，将材质进行粘贴，如图15.027所示。

6．双击材质球，激活阳光的Gel Editor［滤镜编辑器］，在Color&Alpha［颜色和Alpha］选项卡中用鼠标右键单击材质球，选择Edit Function［编辑函数］选项，打开Function Editor［函数编辑器］面板，选择第一个Filter［过滤器］节点，在下方的Filter图形上单击鼠标右键，选择Edit Filter［编辑过滤器］，调整曲线，如图15.028所示。

图15.027

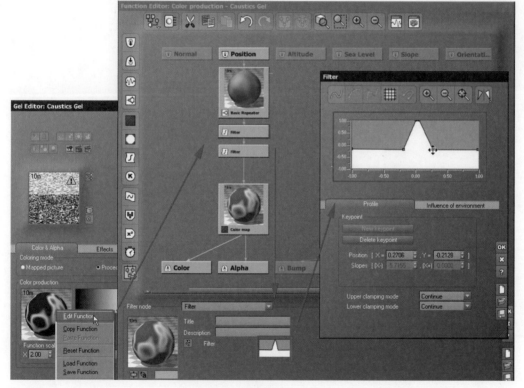

图15.028

7．此时体积光的效果和海底陆地的照明已经达到要求，提高渲染参数进行最终渲染，最后，简单调整后期的参数，得到最终效果，具体参数调节如图15.029所示。

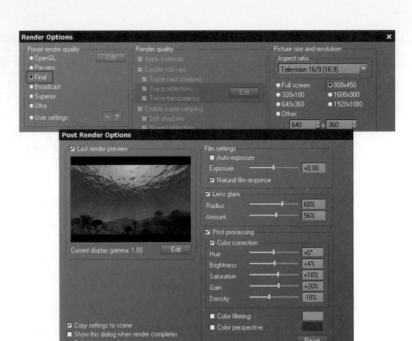

图15.029

16 阿凡达的世界

范例分析

本例中我们将使用Vue制作《阿凡达》电影中哈利路亚山的效果。该案例综合使用了Vue的岩石山地材质、生态系统、云雾效果及渲染技术，通过综合运用各种技术创建出悬浮山脉的效果，如图16.001所示。本例重点讲解Vue综合运用的技巧和渲染的调节。

图16.001

制作步骤

步骤01：山形的制作

1. 打开Vue，我们使用一个空白场景开始进行制作，按下键盘上的快捷键Ctrl+F9，打开Render Options［渲染设置］对话框，将Render in main View［渲染到主视口］切换为Render to screen［渲染至屏幕］；

并且将渲染的尺寸比例设置为Free［自由］方式，在下面的other［其他］尺寸中将测试渲染的大小设置为640X320，如图16.002所示。

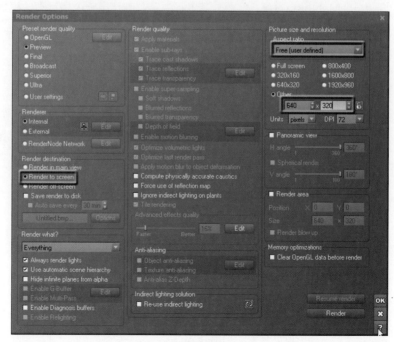

图16.002

2．选择水平摄影机，在main camera［主摄影机］的参数设置中，设置Height［高度］为1.5km，将顶部的摄影机也调整到合适的位置，在物体列表中删除Ground［地面］对象，如图16.003所示。

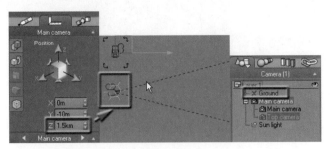

图16.003

3．单击左侧工具栏中的 ［创建立方体］按钮，在场景中创建一个Cube［立方体］，调整其位置和方向，然后按住键盘上的Alt键，向上复制出一个立方体 Cube 2，并调整其方向，让两者有所区别，如图16.004所示。

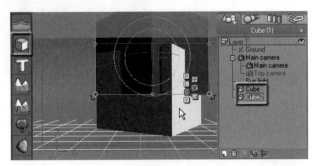

图16.004

4．选择两个立方体，单击左侧工具栏上的 ［融合］按钮，此时场景中的两个立方体对象融合为一个Metablob对象，然后对其进行调整，制作出一个倒锥形的模型。最后调整阳光位置，如图16.005所示。

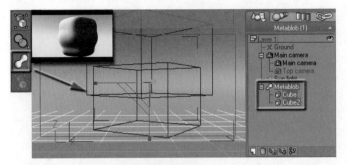

图16.005

►►►► 注释信息

如果需要单独调整，可以将Metablob对象展开，对每个立方体进行调整。

►步骤 02：置换制作

1．选择创建的Metablob物体，在右上角的材质球上单击鼠标右键，在弹出的菜单选择Edit Materiel［编辑材质］选项，打开Advanced Materiel Editor［高级材质编辑器］，然后在Bumps［凹凸］选项卡的材质球上单击鼠标右键，选择Edit Function［编辑函数］选项，进入Function Editor［函数编辑器］面板，如图16.006所示。

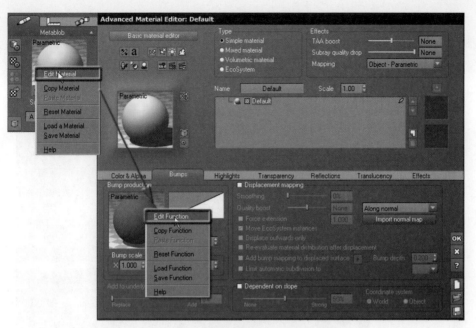

图16.006

2．在Function Editor［函数编辑器］中选择Bump［凹凸］节点，单击左侧工具栏上的 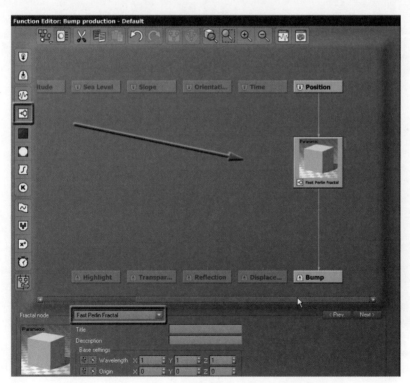 ［分形］按钮，创建一个分形节点，将分形的方式改为Fast Perlin Fractal［快速大理石分形］方式，如图16.007所示。

图16.007

▶▶▶ 注释信息

节点的显示可以更改为球形或者立方体显示方式。

3．返回到Advanced Materiel Editor［高级材质编辑器］，勾选Displacement mapping［置换贴图］选项，此时效果不明显；然后将Depth［深度］设置为10，并将材质的Mapping［贴图方式］设置为World-Standard［世界-标准］，此时如果材质的置换还不明显，需要将材质的Scale［缩放］设置为10，如图16.008所示。

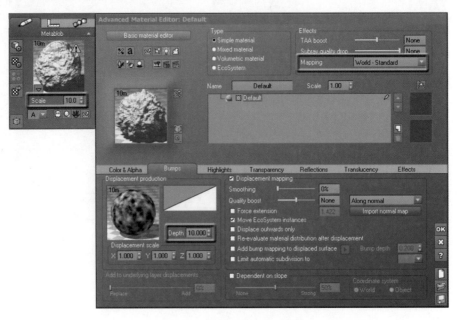

图16.008

4．进入Function Editor［函数编辑器］中，选择创建的分形节点，在下方的节点参数区中修改分形节点的参数，具体参数设置如图16.009所示。

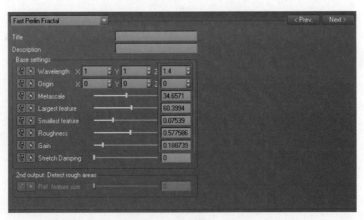

图16.009

5．如果想改变山体的置换效果，可以对Metablob对象的位置及形状进行调整，如图16.010所示。

6．进入Function Editor［函数编辑器］中再次创建一个分形节点，并将其连接到Position［位置］节点上，然后单击左侧工具栏上的■［混合］按钮，将两个分形节点混合在一起，并调整分形节点参数，具体参数设置如图16.011所示。

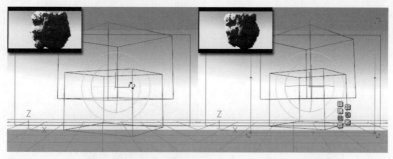

图16.010

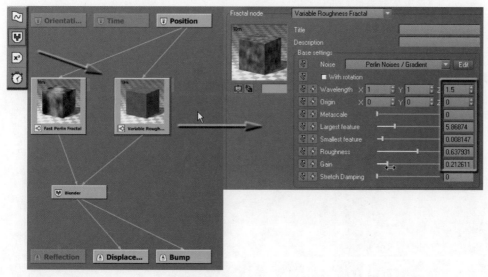

图16.011

7．此时材质还没山脉的效果，在Function Editor［函数编辑器］中，创建第三个分形节点，并将其连接到Position［位置］节点上，使用Blender［混合］节点和第二个节点相连，最终连接到Displace［置换］和Bump［凹凸］上，并调整第三个节点的参数，具体参数设置如图16.012所示。

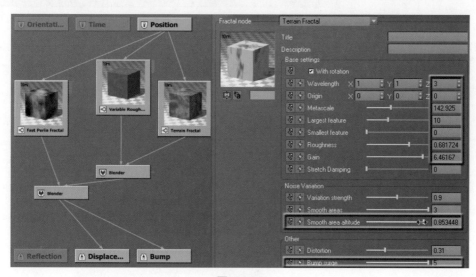

图16.012

8．此时渲染发现，材质的比例不够大，将材质的Scale［缩放］设置为16，如图16.013所示。

步骤 03：材质生态系统的制作

1.调节山体的颜色，打开Advanced Materiel Editor［高级材质编辑器］，进入Color&Alpha［颜色和Alpha通道］选项卡，双击Color production［颜色混合］下的材质球，在弹出的对话框中选择3 Color Production［3种颜色混合］预设，并将Color production［颜色混合］的Scale［缩放］值设置为0.2，如图16.014所示。

图16.013

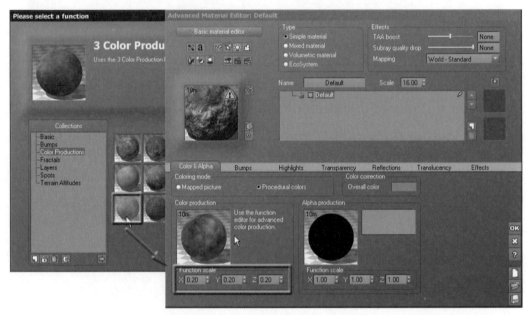

图16.014

2.在Color production［颜色混合］下的材质球上单击鼠标右键，选择Edit Function［编辑函数］命令，打开Function Editor［函数编辑器］，单击 [解组］按钮，打开节点组，将材质中绿色调节得暗一点，红色调节得饱和一点，如图16.015所示。

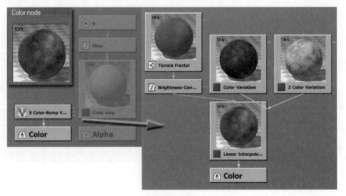

图16.015

3．打开Advanced Materiel Editor［高级材质编辑器］，将Type［类型］切换为EcoSystem［生态系统］选项，在下方的General［常规］选项卡中添加两种植被，单击Populate［生成］按钮计算，如图16.016所示。

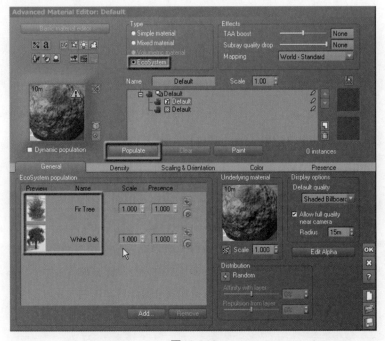

图16.016

4．发现植被有些过小，所以我们在General［常规］选项卡中调整植物的大小，然后切换到Density［密度］选项卡，调整密度的参数，得到一个合适的植物大小，如图16.017所示。

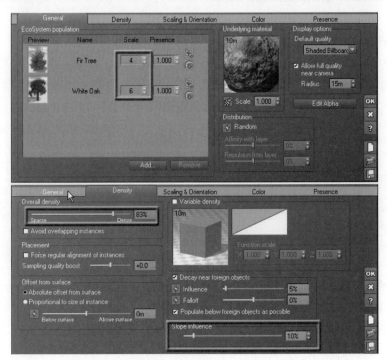

图16.017

5．添加山体下面的植被效果。我们在上方工具栏中单击⚝按钮，打开EcoSystem Painter［生态系统绘制］面板，在下方添加3个植物预设，在场景山形的下方绘制植物，大小和密度可以按照自己预想的形态绘制，如图16.018所示。

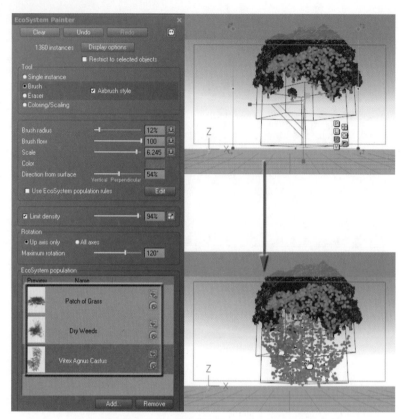

图16.018

6．调整位置，绘制底部的植被，最终效果如图16.019所示。

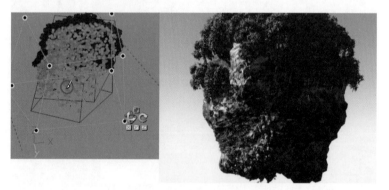

图16.019

↘步骤 04：光影制作

1．将创建好的山体进行复制，让场景出现很多的山体，符合最终我们需要的效果，复制的时候可以先将植被清除，完成复制之后再计算，如图16.020所示。

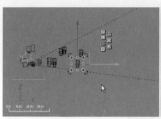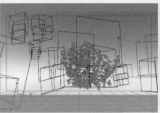

图16.020

2．打开EcoSystem Painter［生态系统绘制］面板，再次添加一棵树，然后在靠近镜头的几个山体上创建几棵树，最后对每个山体的植被进行细致的绘制，如图16.021所示。

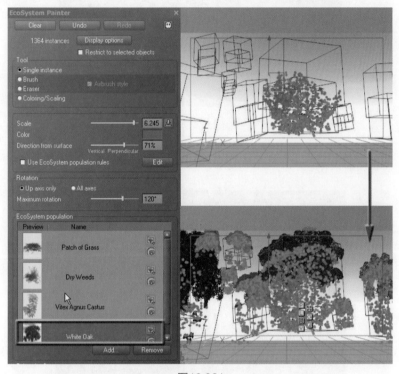

图16.021

3．按下键盘上的F4键，打开Atmosphere Editor［大气编辑器］面板，在Atmosphere model［大气模式］参数组中选择Spectral model［光谱模式］，进入Sun［太阳光］选项卡，调整Azimuth［横向方位］和Pitch［纵向方位］的参数，角度也可以在视图中调整阳光位置，如图16.022所示。

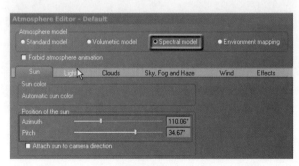

图16.022

4．进入Light［灯光］选项卡，调整Global lighting adjustment［全局灯光调整］参数组中的3

个选项，让灯光符合我们的需要，并调整颜色，如图16.023所示。

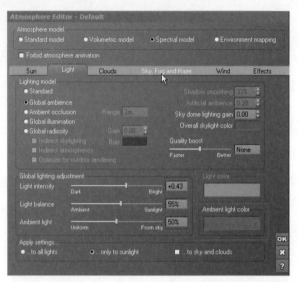

图16.023

5．进入Sky,Fog and Haze［天空，雾和霾］选项卡，设置天空的颜色密度，以及雾气的颜色和密度，参数设置如图16.024所示。

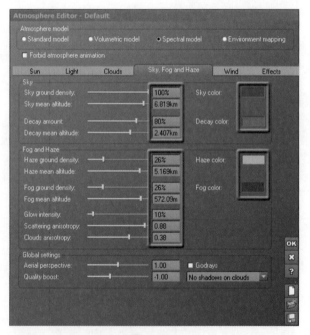

图16.024

6．在左侧的工具栏中单击 [灯光创建] 按钮，在场景中创建一盏泛光灯，将其放置在场景中靠近镜头的地方，来照明山体的暗部，然后设置其颜色为蓝色，Power［强度］值为50，如图16.025所示。

步骤 05：云雾光效

1．单击左侧工具栏上的 [云层创建] 按钮，在预设中选择Layered Cumulus［多层积云］预设云层，在场景中创建云层，调整其位置和大小，如图16.026所示。

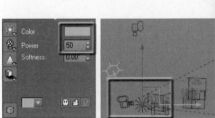

图16.025

图16.026

2. 双击云层的材质，弹出Advanced Material Editor［高级材质编辑器］面板，在Cloud Settings［云层设置］选项卡中设置Density［密度］为9%，如图16.027所示。

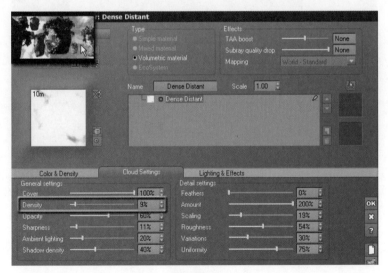

图16.027

3. 单击左侧工具栏上的 [云层创建] 按钮，在预设中选择Simple Diffuse [简单默认] 预设云层，在场景最前方的山腰处创建云层，设置材质的Scale [缩放] 值为3，调整其位置和大小，如图16.028所示。

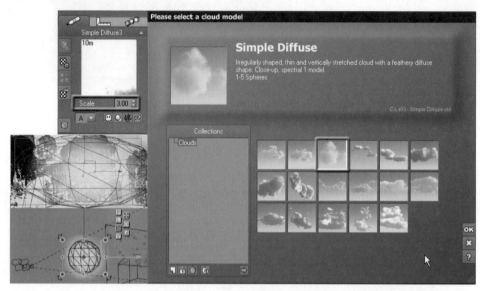

图16.028

4. 观察发现云层过于厚重，这是密度值过大导致的。所以，我们双击云层的材质，弹出Advanced Material Editor [高级材质编辑器] 面板，在Cloud Settings [云层设置] 选项卡中设置Density [密度] 值为0.6%，如图16.029所示。

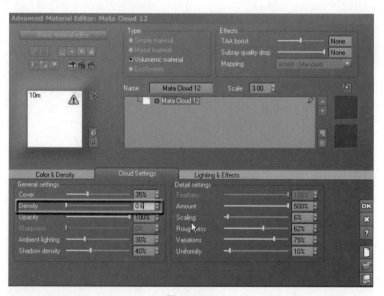

图16.029

5. 单击左侧工具栏上的 [云层创建] 按钮，在预设中选择Feathery Cloud [羽状云] 预设云层，在场景下方创建云层，设置材质的Scale [缩放] 值为5，调整其位置和大小，如图16.030所示。

6. 双击云层的材质，弹出Advanced Material Editor [高级材质编辑器] 面板，在Cloud Settings [云层设置] 选项卡中设置Density [密度] 值为1%，如图16.031所示。

图16.030

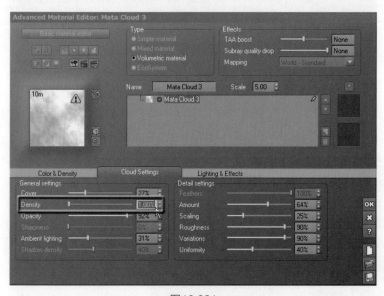

图16.031

7．复制新建的云层，调整其位置，放大云层并双击云层的材质，增加云层的密度，如图16.032所示。

8．在场景中再次创建一盏太阳光，将其放置在镜头内，作为光斑效果，打开新创建的阳光Light Editor［灯光编辑器］面板，在Influence［影响］选项卡下设置照明为None［无］方式，作为光晕，并且取消阳光的阴影，如图16.033所示。

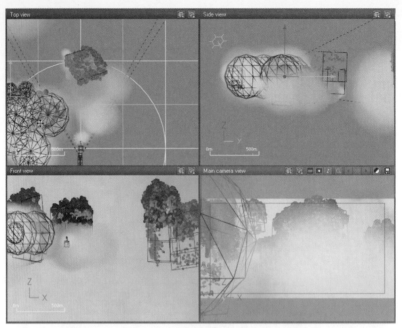

图16.032

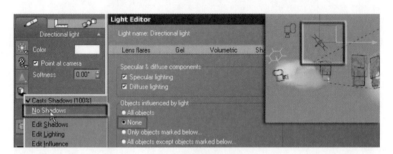

图16.033

9．进入Light Editor［灯光编辑器］面板，在Lens flares［镜头光斑］选项卡中，设置Type of lens［光晕类型］的预设为105mm fixed，如图16.034所示。

图16.034

▶▶▶ **注释信息**
云层的效果可以根据自己
的需要进行添加和调整。

10．单击摄影机目标点按钮，打开摄影机的目标点，将其移动到视图中间的山体上，然后设置摄影机参数Blur［模糊］值为90%，这样可以产生景深的感觉，如图16.035所示。

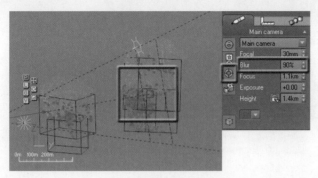

图16.035

11．最后，将渲染参数设置为Final［最终］级别，随后进行最终渲染，如图16.036所示。

图16.036

▶▶▶ 注释信息

Vue提供了简单的光影后期调整功能，具体可以根据自己喜好，在渲染后期软件中调节。

17 雪山气魄

本例将使用Vue制作一幅雪山远景的静帧图像。本例首先使用Vue的岩石山地材质制作雪山山体模型，然后使用生态系统创建岸边的植被，最后添加云雾效果及湖面，最终效果如图17.001所示。本例讲解Vue综合表现技巧，重点是场景气氛的调节。

制作步骤

步骤 01：创建山体模型

1. 打开Vue，我们使用一个空白场景开始进行制作，单击左侧的 [程序地形] 按钮，在场景中创建程序地形作为雪山模型，调整其大小，如图17.002所示。

图17.001

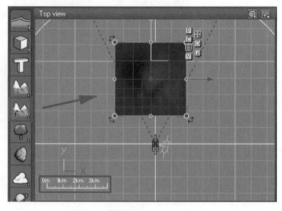

图17.002

2. 双击地形对象，进入Terrain Editor [地形编辑器] 窗口，用鼠标右键单击右侧的材质球，选择Edit Function [编辑函数]，弹出Function Editor [函数编辑器] 窗口，在函数编辑器中有默认创建好的几个节点，如图17.003所示。

3. 选择Simple Fractal [简单分形] 节点，将节点的预设由Simple Fractal [简单分形] 更改为Rocky Mountains [岩石山体] 方式，此时的山地就变成了类似于一种干裂地面的样子，如图17.004所示。

4. 干裂地面的效果不是我们需要的，但是每一个突起的细致结构却符合我们的需要，所以删除Multiply by a constant [乘以常量] 就能得到一个没有进行平铺的效果，同时也不需要随机值的变换，将Vector 3 seed [向量3种子] 节点删除，如图17.005所示。

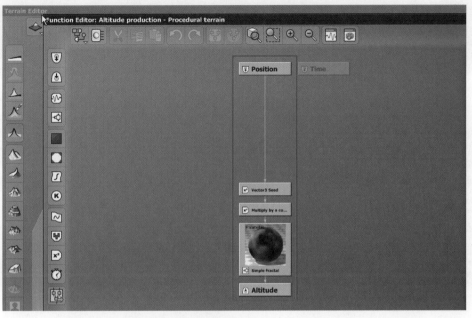

图17.003

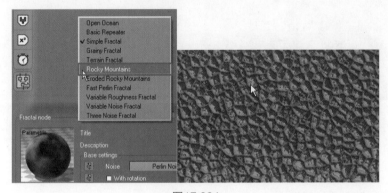

图17.004

5．调整Fractal［分形］节点的参数，让山体的形状形成陡峭山脉高峰的效果，如图17.006所示。

6．退出函数编辑器，这样就得到了山体的基本形状了，观察渲染的效果，如果觉得山体的细节比较少，可以再次通过Fractal［分形］节点下Overall aspect［总地貌］中的参数进行调节，如图17.007所示。

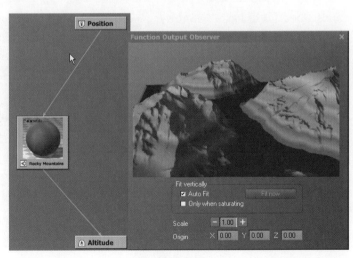

图17.005

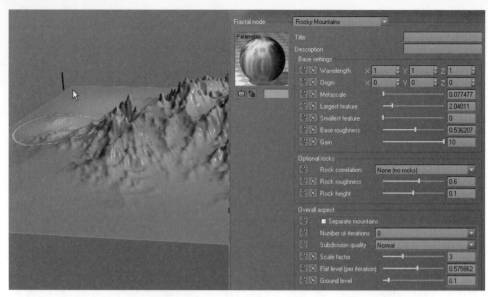

图17.006

图17.007

注释信息

如果山体在地下，可以先将山体抬高，然后使用 [放置地面] 工具将其放置在地面上。

步骤 02：制作山体材质

1. 选择创建的雪山山体模型，在材质球边上单击 [指定材质] 按钮，在弹出的面板中选择Landscapes [地貌] 组中的Snowy Scrublands [积雪林地] 材质预设，如图17.008所示。

2. 预设材质中底部的绿色植被是不需要的。单击 按钮打开Advanced Materiel Editor [高级材质材质编辑器] 窗口，观察材质的结构，将材质的Brown Rock [褐色岩石] 组的Type [类型] 切换成Simple material [单一材质] ，此时就清除了材质的绿色植被，如图17.009所示。

图17.008

3. 在最终结果中，雪山的雪是在下方。打开Advanced Materiel Editor [高级材质编辑器] ，进入材质的Influence of environment［环境影响］选项卡，把Material 2 appears rather［材质2显示方式］设置成at low altitudes［低海拔］方式，让雪的材质在低海拔的地方出现，调节Mixing proportions［混合比例］和Influence of altitude［海拔影响］两个滑竿，控制两种材质的混合方式，直到满意为止，如图17.010所示。

图17.009

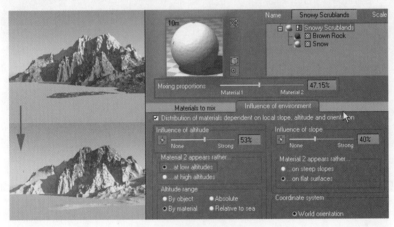

图17.010

4．雪山材质的Brown Rock［褐色岩石］颜色比较浅，选择Brown Rock［褐色岩石］层级，将其Overall color［整体颜色］设置为一种蓝黑色，如图17.011所示。

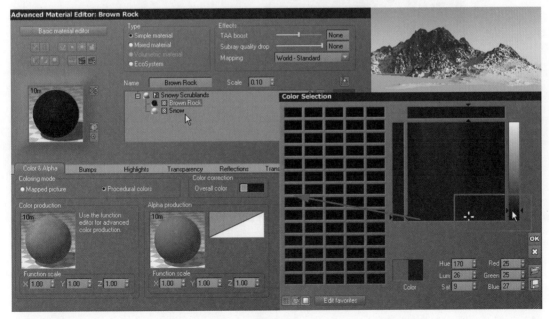

图17.011

步骤 03：调整山体细节

1．在山体的最终效果中还有一种地表层级效果，可以通过函数编辑器添加，从而增加山体的细节，打开Terrain Editor［地形编辑器］窗口，用鼠标右键单击右侧的材质球，选择Edit Function［编辑函数］命令，弹出了Function Editor［函数编辑器］窗口，在Fractal［分形］节点下方添加一个Filter［过滤器］节点，将过滤的类型切换为Recursive［递归］下的Strata［层］，如图17.012所示。

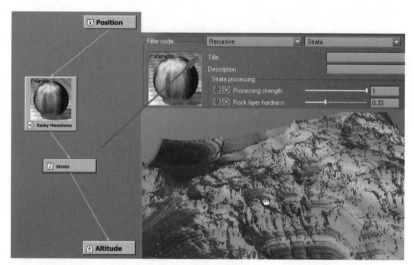

图17.012

2．调整Filter［过滤器］节点的参数，得到一个较为规则的、带有层级效果的山地效果，如图17.013所示。

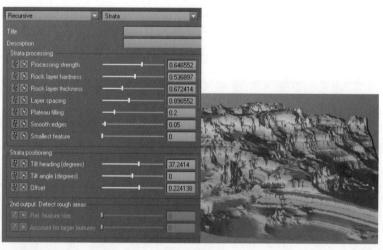

图17.013

3．单击Filter［过滤器］节点Offset［偏移］参数边上的 Extract parameter［提取参数］按钮，将Offset［偏移］参数的输入节点打开，对其进行编辑，增加Offset［偏移］的细节，如图17.014所示。

4．单击左侧的数学节点按钮，在场景中创建两个数学节点，分别将节点的类型切换为Vector3 Seed［向量3种子］和Rotation And Twist［旋转和扭曲］模式，并将两个节点串连到Position［位置］节点上，如图17.015所示。

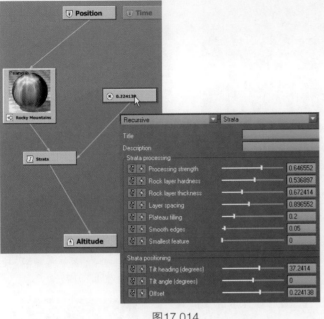

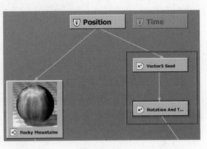

图17.014 　　　　　　　　　　　　　　　　　　　图17.015

5．在下方再次添加一个Fractal［分形］节点，将其切换为Grainy Fractal［增益分形］模型，调节参数，降低对比度，并连接到Rocky Mountains Fractal［岩石山体分形］节点的Offset［偏移］输出上，如图17.016所示。

6．此时渲染即可得到需要的雪山效果，如图17.017所示。

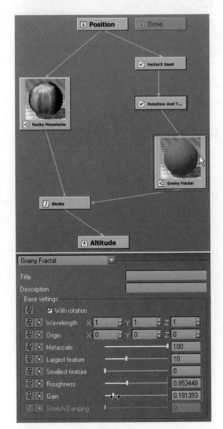

图17.017

7．单一的雪山不足以展现自然山体景色，将雪山复制，并使用移动、缩放和旋转工具将山体随机分布，构成一幅山体连绵的效果，如图17.018所示。

➷步骤04：制作水面和水面材质

1．单击左侧的 ![按钮]［创建水面］按钮，在场景中创建一个水面，将水面稍微向上调整，使其和地面有一段距离，如图17.019所示。

图17.016

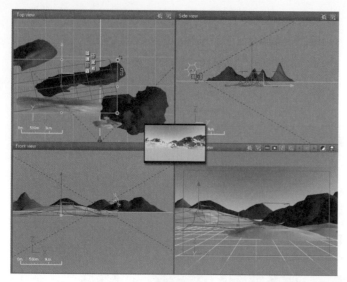

图17.018　　　　　　　　　　　　　　　　　图17.019

2．此时水面太过清澈，需要在水底补充一些纹理，选择地面，将地面的材质更换为Rocks and Plants［岩石和植物］材质，如图17.020所示。

图17.020

3．将水的材质切换为Wavy Shore［海滩波浪］材质，打开Advanced Materiel Editor［高级材质编辑器］，将水材质的Foam［泡沫］层删除，如图17.021所示。

4．进入水材质的Transparency［透明度］选项卡，将Fading Out［深水］值提高，调整颜色之后，增加水的不透明度效果，如图17.022所示。

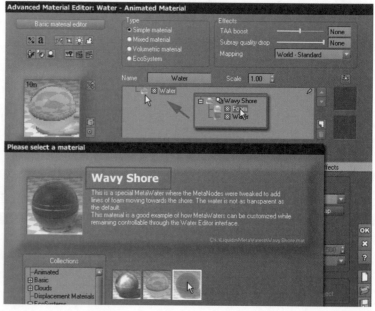

图17.021

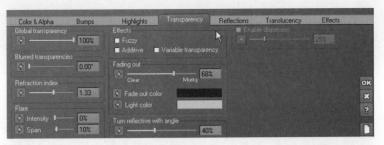

图17.022

5．水面的反射和凹凸也需要调整，切换到Reflections［反射］选项卡，将Global reflectivity ［全局反射率］提高，增加反射效果；切换到Bump［凹凸］选项卡，将Depth［深度］提高到8， 如图17.023所示。

6．此时渲染，即可得到山水搭配的效果，如图17.024所示。

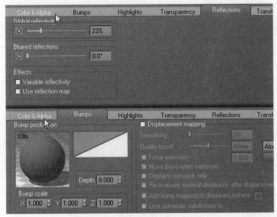

图17.023

图17.024

⬆步骤 05：绘制植被

1．选择需要生长植物的山体模型，打开其Advanced Materiel Editor［材质编辑器］，将材质 的类型切换为EcoSystem［生态系统］模型，在下面的General［常规］选项中添加两种植物，如图 17.025所示。

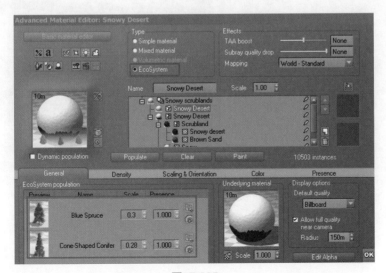

图17.025

2．进入Density［密度］选项卡，降低Overall density［总体密度］参数，让树木的密度降低，如图17.026所示。

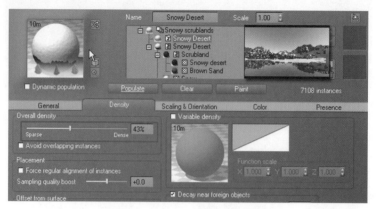

图17.026

3．使用同样的方式，在其他需要生长树木的山体上添加植物，可以使用不同的寒带植物，增加细节，如图17.027所示。

4．使用生态笔刷对山体尚未添加植物的空白区域添加植物。单击上方的 ☑［生态笔刷］按钮，打开EcoSystem Painter［生态系统绘制］面板，在下方添加几种需要绘制的植物，在顶视图中进行绘制，如图17.028所示。

图17.027

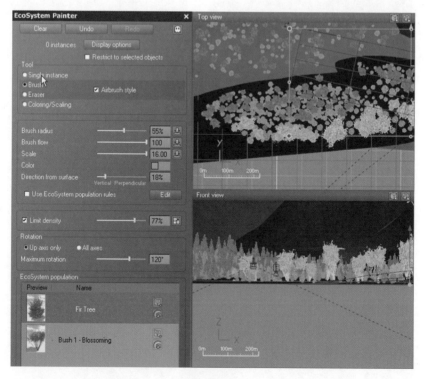

图17.028

步骤 06：添加环境

1．打开Atmosphere Editor［大气编辑器］面板，进入Sun［太阳］选项卡，将阳光的Azimuth［方位］和Pitch［倾斜］两个参数进行调整，如图17.029所示。

图17.029

2．进入Light［灯光］选项卡，调整Global lighting adjustment［全局灯光调整］参数组中的3个参数，让整个环境效果更加协调，如图17.030所示。

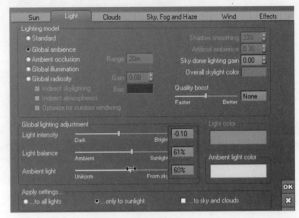

图17.030

3．进入Clouds［云］选项卡，在Cloud layers［云层］中，添加Large Cumulus［大面积积云］云层预设，调整云层的参数，如图17.031所示。

注释信息

如果云层的细节不够，可以在云层的材质中增大Roughness［粗糙度］参数。

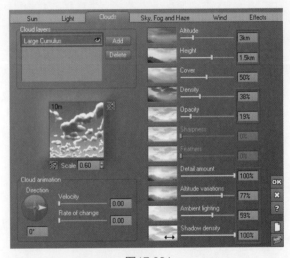

图17.031

4．进入Sky,Fog and Haze［天空，雾和霾］选项卡，设置其中天空的颜色及海拔高度，如图17.032所示。

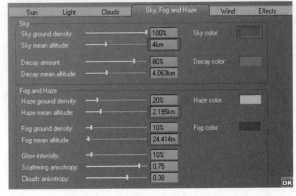

图17.032

5．将渲染参数设置为Final［最终］级别进行渲染，然后进入Post Render Options［后期渲染选项］窗口，对图像的镜头光斑、色相、亮度、饱和度，以及增益进行调整，如图17.033所示。

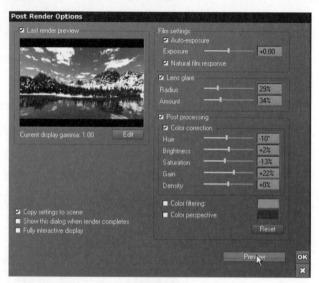

图17.033

登陆火星 　　　　成就梦想

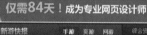

火星时代图书网站
http://book.hxsd.com

首页 火星时代实训基地 论坛 问答 资讯 游戏 教程 视频 招聘 作品 图库 赛事 黄页 影视制作 火星图书 虚拟现实 通行证

火星图书 图书分类 新书预告 特价图书 服务中心 关于火星图书 热点专题 图书资讯 图书论坛 图书搜索

超值套装
Maya 全面学习不用愁
一套手册（6本）+19DVD
套装8.5折 6本包邮
◄ ► 1 2 3 4 5

《火星人—Maya白金手册》

火星图书

· 图书分类

· 新书预告

· 特价图书

· 服务中心

· 关于火星图书

· 热点专题

· 图书资讯

· 图书论坛

CATEGORIES 分类列表

按行业分类

▶ 影视动画
▶ 建筑设计
▶ 游戏设计
▶ 互动媒体

按系列分类

▶ 火星课堂
▶ 火星风暴
▶ 白金手册
▶ ATC系列
▶ 火星赛事

按软件应用分类

▶ 三维动画
▶ 影视后期
▶ 经典插件
▶ 辅助设计
▶ 平面设计
▶ 网页设计

在线查询 On-Line Sale

征稿启事 Contributions Wanted

常见问题 FAQ

读者论坛 Readers' Forum

《3ds Max 2011白金手册》
畅销10年 中英文双语
全新升级 学习通用版

热点专题

3DS MAX 2011 火星课堂
3ds Max 2011案例式教学和视频相结合

Maya静帧火星风暴 获奖作品创作揭秘

图书资讯

ZBrush 雕刻大师
火星课堂
火星时代高级讲师传授
3.5、4.0 全面学习
火星实训基地讲师传授ZBrush技术
从零开始，全面、系统地介绍ZBrush软件的使用方法，本书作者为火星时代实训基地高级讲师。

RECOMMENDATION BOOKS 新书推荐　More

After Effects高级影视特效火星风暴
定价：￥98元
作者：毕盈
出版时间：2012年3月
16开 全彩胶版印刷

3ds Max&VRay建筑动画火星课堂（第2版）
定价：￥98元
作者：火星时代
出版时间：2012年3月
16开 全彩胶版印刷

3ds Max&SketchUp室内建模火星课堂（第2版）
定价：￥98元
作者：火星时代
出版时间：2012年3月
16开 全彩胶版印刷

SOFTWARE CATEGORY 软件分类

Maya　3ds Max　Photoshop　VRay　Vegas　AfterEffects　SketchUp　Rhino　Flash

EDITOR RECOMMENDATION 编辑推荐　More

After Effects高级影视特效火星风暴
定价：￥98元
作者：毕盈
出版时间：2012年3月
16开 全彩胶版印刷

3ds Max&SketchUp室外建模火星课堂（第2版）
定价：￥108元
作者：火星时代
出版时间：2012年3月
16开 全彩胶版印刷

3ds max游戏特效火星课堂
定价：￥88元
作者：张天娥
出版时间：2011年12月
16开 全彩胶版印刷

 Maya全面学习不用愁

ALL BOOKS 全部图书　More

After Effects高级影视特效火星风暴

3ds Max&VRay建筑动画火星课堂（第2版）

3ds Max&SketchUp室内建模火星课堂（第2版）

3ds Max&SketchUp室外建模火星课堂（第2版）

登陆火星　　　成就梦想

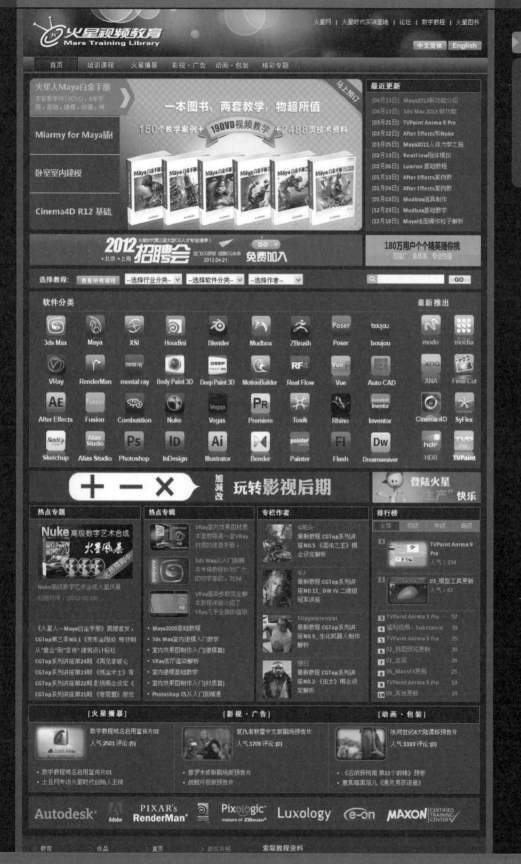

登陆火星　　　　成就梦想